Potentialités Métallurgiques du Coltan en Afrique

Potentialités Métallurgiques du Coltan en Afrique

Roger Rumbu

Première Edition

2RA-Edition

Rumbu, Roger

Potentialités Métallurgiques du Coltan en Afrique / Author Rumbu, Roger

Includes bibliographical references

ISBN 978-1539104940

First edition 2017

Crédit photo de couverture : R. K. Creative Design

Edité par 2RA-Edition

First Edition January 2017 in paperback.

ISBN: **978-1539104940**

Cover design: R.K. Creative Design

Copyright:© Roger Rumbu, 2017

Ce livre contient des informations issues de sources hautement crédibles et référencées. La responsabilité de l'auteur n'est aucunement engagée en cas d'application lacunaire des procédés métallurgiques en se basant sur les descriptions et paramétrages issus de cet ouvrage. Aucune partie de cet ouvrage ne peut être reproduite par quelque moyen que ce soit sans en faire explicitement référence ou sans l'avis des ayant-droit. Pour toutes informations, veuillez vous adresser à edition@2ra-company.com.

Du même auteur dans la collection Expertise en Projets Miniers :

Introduction to Mining Business Projects, 2RA-Publishing, Cape Town – South Africa, 2017.
ISBN: 978-1541066359.

Project Management in Business Context – The implementation of a metallurgical accounting system, 2RA-Publishing, 2014. ISBN 978-1542971669.

Du même auteur dans la collection Expertise Metallurgique :

Refractory Materials Extractive Metallurgy, 2RA-Publishing, Cape Town – South Africa, 2017. ISBN: 978-1541250765

Recueil d'exercices pratiques de métallurgie extractive des métaux non-ferreux, 2RA-Publishing, Cape Town – South Africa, 2017.
ISBN: 978-1535582513.

Extractive Metallurgy of Cobalt, 2RA-Publishing, Cape Town – South Africa, 2016.
ISBN: 978-1516843527.

Non-ferrous Extractive Metallurgy – Industrial Practices, 2RA-Publishing, Cape Town – South Africa, 2014.
ISBN : 978-1-920600-03-7.

Hydrométallurgie du cuivre - Grillage – Lixiviation – SX – Electro-extraction, 2RA-Publishing, Cape Town – South Africa, 2016.
ISBN : 978-1512138535.

Métallurgies du Zinc et des Métaux Associés, 2RA-Publishing, Cape Town – South Africa, 2016.
ISBN: 978-1516818556.

Introduction à la métallurgie extractive des terres rares, 2RA-Publishing, Cape Town – South Africa, 2012.
ISBN : 978-1-920600-28-0.

Métallurgie extractive du cobalt, 2RA-Publishing, Cape Town – South Africa, 2012.
ISBN : 978-1-920600-30-3.

Métallurgie Extractive des Non-Ferreux – Pratiques Industrielles, 3rd Edition, 2RA-Publishing, Cape Town – South Africa, 2015.
ISBN : 978-1515316299.

Métallurgie Extractive des Non-Ferreux – Pratiques Industrielles, 2nd Edition, 2RA-Publishing, Cape Town – South Africa, 2012.
ISBN : 978-1-920600-02-0.

Métallurgie Extractive des Non-Ferreux – Pratiques Industrielles, New Voices Publishing, Cape Town – South Africa, 2010.

Coltan : de l'enfer du Kivu en République Démocratique du Congo aux smartphones des leaders de la téléphonie cellulaire en passant par les superalliages pour les turbines et les prothèses médicales.

A ma tendre Mira Losa,

Et à nos enfants Andy-Grâce, Sacha-Romy, Reggie-John, Crissy-Roy et Dany-Val pour leur soutien et leur patience.

En hommage posthume à mon estimé et éminent confrère Ingénieur Hermès Mambwe Kalenga, avec qui nous avons initié de belles recherches sur ce minerai fabuleux qu'est le coltan.

Roger Rumbu

Table des matières

Table des graphiques .... *xiv*

Tableaux .... *xvi*

I. Préface 17

II. Introduction 18

1. Présentation du coltan 18

2. Propriétés chimiques des minerais de tantale et de niobium 19

3. Propriétés du tantale et du niobium 20

3.1 Propriétés du tantale 20

3.2 Propriétés négatives du tantale 21

3.3 Propriétés du niobium 22

3.4 Comparaison des propriétés du tantale et du niobium. .23

4. Histoire du coltan congolais 24

5. Histoire du colombium 25

6. Histoire du tantale 26

III. Réserves de coltan 27

1. Introduction 27

2. La crise du tantale de 2000 28

3. Chaîne d'approvisionnement artisanale du coltan 29

3.1 La production minière artisanale (informelle) 30

3.2 La collecte du coltan par les comptoirs d'achat 30

3.3 Un réseau de transporteurs internationaux 30

3.4 Les transformateurs industriels 30

3.5 Les fabricants de condensateurs. 30

3.6 Les fabricants d'appareils électroniques portables. 31

4. Production mondiale 31

5.	Spécification du marché du tantale 36
6.	Spécification du marché du niobium 38
7.	Autres spécifications 38
IV.	Usages du coltan 40
1.	Introduction 40
2.	Usage du tantale 40
2.1	Electronique 40
2.2	Alliages résistants aux hautes températures. 41
2.3	Alliages résistants aux hautes températures et à la corrosion. 41
2.4	Autres utilisations 42
3.	Usage du niobium 45
4.	Matériaux de substitution 48
4.1	Substituts du tantale 48
4.2	Substituts du niobium 49
V.	Production du coltan 50
1.	Technique de production de coltan au Kivu – R.D. Congo . 50
2.	Production de concentrés de tantale 50
2.1	Généralités 50
2.2	Précipitation d'hémipentoxyde de niobium et de tantale par l'ammoniaque 53
3.	Production de concentré de colombium 55
VI.	Métallurgie du niobium et du tantale 60
1.	Introduction 60
2.	Traitement des sources primaires 60
2.1	Réduction 60
2.1.1	Réduction aluminothermique 61

2.1.2	Réduction carbothermique du tantale	61
2.1.3	La réduction carbothermique du niobium	62
2.1.4	Réduction calciothermique	63
2.2	Chlorination	66
2.2.1	Introduction	66
2.2.2	Procédé de carbochlorination	67
2.2.2.1	Introduction	67
2.2.2.2	Influence de la température	69
2.2.2.3	Influence du débit des gaz	70
2.2.2.4	Influence de la pression partielle des gaz réagissant	71
2.2.2.5	Influence du rapport P_{Cl2}/P_{CO}	71
2.2.3	Comparaison avec les procédés récents	72
2.3	Fusion alcaline	73
3.	Lixiviation	74
4.	Extraction et séparation du niobium et du tantale	74
4.1	Procédé d'extraction et séparation	74
4.2	Réductions métallothermiques à l'état métallique	77
4.2.1	Réduction par l'hydrogène et le carbone	77
4.2.2	Réduction par le sodium	77
4.2.3	L'aluminothermie	78
4.2.4	La magnésiothermie	79
4.2.5	Elimination de l'oxygène résiduaire	79
4.2.6	Electro-extraction du tantale en bain de sels fondus	80
4.2.7	Electro-extraction du niobium en bain de sels fondus	80
4.3	Autres procédés	81
VII.	*Recyclage du niobium et du tantale*	90

1.	*Introduction*	*90*
2.	*Procédés*	*90*

Annexes 95

Références 96

Table des index 98

Table des graphiques

Figure 1 – Prix moyen du tantale en dollars courant sur base du pentoxyde contenu dans les concentrés (USGS, 2011). 29
Figure 2 – Répartition des sources de tantale. 32
Figure 3 – Production vs. demande de Ta_2O_5 (Roskill). 35
Figure 4 – Ressources minières de la R.D. Congo. 39
Figure 5 – Consommation du tantale. 44
Figure 6 – Répartition des superalliages. 45
Figure 7 – Précipitation d'oxydes de tantale/niobium par de l'ammoniaque. ...54
Figure 8 – Production de concentrés de tantale à partir de microlite (pyrochlore) et colombo-tantalite. 55
Figure 9 – Production de niobium à partir des scories de production d'étain.[10] 59
Figure 10 – Production d'anodes de tantale.[4] 64
Figure 11 – Production de niobium nucléairement pur.[4] 65
Figure 12 – Evolution de la carbochlorination de Nb_2O_5 et Ta_2O_5 en fonction de la température.[1] 69
Figure 13 – Isothermes de carbochlorination de Nb_2O_5 et Ta_2O_5.[1] 70
Figure 14 – Influence du débit des gaz sur le taux de chlorination de Nb_2O_5 et Ta_2O_5.[1] 70
Figure 15 – Impact de la pression partielle $P_{(Cl2+CO)}$ sur la carbochlorination de Nb_2O_5 et Ta_2O_5.[1] 71
Figure 16 – Impact du rapport Cl_2/CO sur le taux de carbochlorination de Nb_2O_5 et Ta_2O_5.[1] 72
Figure 17 – Extraction par solvants et précipitation d'oxydes de tantale et de niobium.[6] 76
Figure 18 – Extraction séparée de Nb et Ta en fonction de la concentration en H_2SO_4.[2] 77
Figure 19 – Procédé de production de carbures de tantale et de niobium.[6] 81
Figure 20 – Flow-sheet général de production du tantale à partir des sources primaires et secondaires. 82
Figure 21 – Flow-sheet général de production du niobium à partir des sources primaires et secondaires. 83
Figure 22 – Flow-sheet de traitement de sources variées de niobium et tantale.[6] 84
Figure 23 – Proposition de concentration d'un multi-minerai. 85
Figure 24 – Flow-diagramme d'extraction par solvant de niobium et tantale.[2] 86
Figure 25 – Flow-diagramme de production de fluorure de potassium et de tantale et d'oxyde de niobium par extraction par solvant au TBP. 87
Figure 26 – Ta et Nb extraction par MIBK. 88
Figure 27 – Flow-diagramme de production d'oxyde de niobium. 89

Figure 28 – Recyclage du tantale par chlorination à partir de condensateurs. . 91
Figure 29 – Recyclage du tantale des condensateurs......................................93

Tableaux

Tableau 1 – Caractéristiques physiques Sn – Nb – Ta – W. 19
Tableau 2 – Caractéristiques physiques du tantale. 22
Tableau 3 – Comparaison des propriétés du tantale et du niobium. 24
Tableau 4 – Composition des minéraux majeurs de tantale et de niobium. 28
Tableau 5 – Production minière et réserves de tantale – USGS 2016. 33
Tableau 6 – Importations de tantale – 2011 – 2014 – USGS 2016. 34
Tableau 7 – Production minière et réserves de niobium – USGS 2016. 35
Tableau 8 – Importations de minerais et concentrés de Nb - 2011 – 2014 – USGS 2016. 36
Tableau 9 – Typologie géologique des gisements de tantale - BRGM. 37
Tableau 10 – Utilisations du tantale.[8] 43
Tableau 11 – Utilisations du niobium.[8] 47
Tableau 12 – Substituts du tantale. 48
Tableau 13 – Substituts du niobium. 49
Tableau 14 – Origine géographique du tantale – TIC. 52
Tableau 15 – Origine technologique du tantale – TIC. 52
Tableau 16 – Hémipentoxyde de niobium et de tantale de différentes scories. 53
Tableau 17 – Grandes réserves de pyrochlore en opération. 56
Tableau 18 – Résultat de la réduction sous-vide de Nb_2O_5 par NbC. 63
Tableau 19 – Qualité analytique du recyclage des condensateurs.[9] 94
Tableau 20 – Propriétés physiques du tantale et du niobium. 95

I.   Préface

Le coltan, appellation mythique du début du 21ème siècle est entré dans notre quotidien avec le développement des appareils de téléphonie cellulaire, des smartphones et tablette sans oublier les ordinateurs portables.

La recherche fondamentale a donné une plus grande utilité au tantale et niobium découvert 200 ans plus tôt.

Leur usage s'étend aussi à la métallurgie dans la fabrication des superalliages.

Les réserves sont bien connues en Amérique ainsi qu'en Australie mais quelques peu mal évaluées en Afrique centrale notamment alimentant malheureusement le réseau des minerais de sang. En effet, la non-maîtrise des réserves de la R.D. Congo ainsi que le manque de traçabilité de la production artisanale encourage la perpétuation des conflits armés dans cette partie de l'Afrique afin de satisfaire les besoin de l'industrie mondiale.

Il faut s'en sortir en commençant par avoir une métallurgie adaptée à côté d'un contrôle des ressources et de la production.

C'est cela dont il est question dans ce nouvel ouvrage.

Roger Rumbu, Met. Eng., PPM, TBOM.

II. Introduction

1. Présentation du coltan

Le tantale – Ta et le niobium (colombium) – Nb sont deux métaux de transition du groupe Vb de la classification périodique des éléments et de ce fait ont beaucoup d'éléments communs.

Le tantale a plus de valeur comparé à son voisin le niobium compte tenu de son occurrence et de ses propriétés.

Ils sont souvent associés dans leurs minerais et leurs propriétés chimiques sont voisines. Cela rend quelque peu complexe leur séparation lors de l'extraction métallurgique.

Ils appartiennent à la classe des matériaux dits réfractaires avec le tungstène – W et le molybdène – Mo. Ces quatre métaux se retrouvent groupés dans le tableau périodique.

92.9 Nb 41	95.2 Mo 42
Niobium	Molybdène
180.9 Ta 73	183.9 W 74
Tantale	Tungstène

Les minerais de ces deux métaux sont appelés tantalite ou colombite selon la prédominance de l'un ou l'autre métal.

Lorsque les minerais contiennent des proportions voisines de tantale et de niobium, ils sont appelés colombo-tantalites d'où le nom contracté, "*Coltan*", usité au Kivu en R.D. Congo.

Ces métaux ont les caractéristiques suivantes décrites dans le Tableau 1.

Tableau 1 – Caractéristiques physiques Sn – Nb – Ta – W.

Elément	Densité (à 1 bar)	Point de fusion
Sn - Etain	7.30	232°C
Nb - Niobium	8.55	2467°C
Ta - Tantale	16.60	3014°C
W - Tungstène	19.30	3407°C

Connus dans les laboratoires depuis le 19e siècle, ces métaux n'ont connu un développement industriel qu'avec les avancées technologique post-2ème guerre mondiale.

2. <u>Propriétés chimiques des minerais de tantale et de niobium</u>

− Valence du tantale : +5
− Valences du niobium : +5 et +3
− Oxydes stables : Nb_2O_5 et Ta_2O_5
− Nb_2O_5 et Ta_2O_5 sont acides
− Nb_2O_5 et Ta_2O_5 forment des tantalates et des niobates en présences de métaux alcalins.
− Les niobates et les tantalates de sodium sont partiellement solubles dans l'eau.
− Les composés potassiques sont solubles dans l'eau.

Elément	Point de fusion	$\Delta H_{298°C}$ kCal
Nb_2O_5	1512°C	-455
Ta_2O_5	1877°C	-488

Ces oxydes peuvent être mis en solution en présence d'acide fluorhydrique – HF pour donner des anions NbF_7^{2-}, $NbOF_5^{2-}$ et TaF_7^{2-}.

3. Propriétés du tantale et du niobium

3.1 Propriétés du tantale

Le tantale (Ta) est un métal gris-bleu, dense, ductile, très dur, résistant à la corrosion et bon conducteur de chaleur et d'électricité.

Le tantale appartient à la classe des métaux réfractaires. Les métaux réfractaires ont un point de fusion plus élevé que celui du platine (1772 °C). L'énergie liant les atomes entre eux est particulièrement élevée. Le point de fusion élevé des métaux réfractaires est associé à une faible pression de vapeur. Les métaux réfractaires sont également caractérisés par une densité élevée et un coefficient de dilatation thermique faible.

Dans le tableau périodique des éléments, le tantale appartient à la même période que le tungstène. Comme le tungstène, le tantale a une très haute densité de 16,6 g/cm³. En revanche, contrairement au tungstène, le tantale se fragilise lors des procédés de fabrication faisant intervenir des atmosphères d'hydrogène. Le matériau est donc produit sous vide poussé.

Le tantale est sans aucun doute le plus résistant des métaux réfractaires. Il résiste à tous les acides et à toutes les bases, et possède un ensemble de propriétés très spéciales.

La principale propriété du tantale est sa résistance exceptionnelle à la corrosion dans de nombreux milieux corrosifs. Il résiste relativement bien face aux agressions en milieux acides chauds et il est utilisé abondamment en milieu d'acide sulfurique.

Le tantale a une résistance particulière à l'érosion même à l'état recuit qui lui permet de résister même aux liquides à haute vélocité ou aux courants de vapeurs.

Récemment, les propriétés diélectriques de son oxyde lui ont ouvert d'immenses débouchés dans la production des téléphones portables, ordinateurs grâce aux possibilités de miniaturisation des condensateurs qu'il permet.

Le tantale a également des propriétés réfractaires exceptionnelles permettant son utilisation dans l'industrie aérospatiale.

A une température inférieure à 250°C, il est totalement réfractaire à l'attaque par l'eau régale (HNO_3+3HCl).

Le tantale a aussi la particularité d'être malléable, ce qui permet son utilisation comme revêtement industriel.

Le tantale est ductile.

Température de fusion parmi les 4 plus élevées du tableau périodique.

3.2   Propriétés négatives du tantale

Les propriétés négatives du tantale sont en particuliers :

- La faible stabilité sous-contrainte ;
- Son inadaptabilité à la soudure vis-à-vis de lui-même et face à la plupart des métaux.

Tableau 2 – Caractéristiques physiques du tantale.

		Groupe		Nombre atomique	Masse atomique	Densité	Température de fusion (°K)
Tungstène	W	Métal de transition	VIb	74	183,85	19,3	3680
Rhénium	Re	Métal de transition	VIIb	75	186,21	21,02	3453
Osmium	Os	Métal de transition	VIIIb	76	190,2	22,6	3327
Tantale	Ta	Métal de transition	Vb	73	180,95	16,6	3269
.	.	.	.	.	.	.	.
.	.	.	.	.	.	.	.
Niobium	Nb	Métal de transition	Vb	41	92,91	8,57	2741

3.3 Propriétés du niobium

En réalité, le niobium est gris, comme tous les autres métaux. Néanmoins, si on lui applique une couche d'oxyde passivante, le métal brille dans une large gamme de couleurs. Ce n'est cependant pas sa seule qualité. Tout comme le tantale, il est résistant à de nombreux produits chimiques et peut être facilement mis en forme même à basse température.

Le niobium est un métal spécifique car il atteint un haut degré de résistance tout en étant relativement léger. Ce matériau est utilisé pour la fabrication d'éléments centraux de pièces de toutes les couleurs, de nacelles d'évaporation résistantes à la corrosion pour la technologie de revêtement et de creusets dimensionnellement stables pour la croissance du diamant. Le niobium est également utilisé pour la fabrication d'implants grâce à sa forte biocompatibilité. C'est également le matériau parfait pour la fabrication de câbles et aimants supraconducteurs, grâce à sa température de transition élevée.

Le niobium appartient aussi au groupe des métaux réfractaires. Dans les métaux réfractaires, l'énergie de liaison des atomes individuels est particulièrement élevée. Les métaux réfractaires ont un point de fusion élevé associé à une faible pression de vapeur, un haut module d'élasticité et une grande stabilité thermique. Les métaux réfractaires sont aussi caractérisés par un faible coefficient de dilatation thermique. Comparé aux autres métaux réfractaires, le niobium a une densité relativement faible de seulement 8.6 g/cm^3.

Le niobium se situe dans la même période que le molybdène dans le tableau périodique. Sa densité et son point de fusion sont comparables à ceux du molybdène. De la même manière, le niobium a tendance à se fragiliser avec l'hydrogène. Le traitement thermique du niobium se fait en vide poussé et non pas sous atmosphère d'hydrogène. Le deux, niobium et tantale offrent aussi un haut niveau de résistance aux attaques acides et une bonne formabilité.

A -263.95 °C, le niobium a la plus haute température de transition. En dessous de cette température, le niobium est supraconducteur. Et qui plus est, le niobium dispose d'une gamme de propriétés très particulières.

3.4   Comparaison des propriétés du tantale et du niobium.

Mis à part la similitude globale des propriétés du tantale et du niobium, il existe toutefois quelques différences.

Tableau 3 – Comparaison des propriétés du tantale et du niobium.

Propriétés physiques	Tantale		Niobium
Résistance à la corrosion	Nb	<	Ta
Point de fusion (T/°K)	Nb	<	Ta
Point d'ébulition	Nb	<	Ta
Densité	Ta ≈ 2xNb		
Volatilisation	Nb	>>>	Ta
Capture des neutrons	Nb	<<<	Ta

4. <u>Histoire du coltan congolais</u>

Les réserves du coltan congolais se situent essentiellement dans l'Est de la R.D. Congo dans des zones en guerres permanentes depuis le milieu des années 1990.

Cette zone a été et est écumée par des groupes rebelles locaux et étrangers qui s'adonnent à l'exploitation des ressources minières d'une manière quasi-incontrôlée par l'Etat congolais entraînant cette partie de la république dans un enfer indescriptible.

Dans des recherches que nous avons pu effectuer avec l'ingénieur Hermès Mambwe Kalenga (1965-2005), nous avons été informés notamment que la station orbitale internationale en construction, I.S.S., nécessitait une importante quantité de coltan et que cela devait se faire coûte que coûte, quel que soit le moyen...

A cette époque, l'entreprise australienne Sons of Gwalia était un leader dans la production de cette matière mais il était plus aisé de s'en procurer dans une zone de non-droit telle que l'Est R.D. Congolais où son prix de revient atteignait autour de 100 dollars la livre, soit plus de 200 dollars par kilogramme. Cela justifiait aisément l'envahissement de cette zone par des dizaines de milliers de creuseurs locaux et étrangers accompagnés d'une déstabilisation totale de la zone.

Des avions cargo affrétés par des dignitaires de l'Europe de l'Est arrivaient avec des cargaisons d'armes et munitions à échanger par des minerais tant recherchés. La suite est connue.

Aujourd'hui, la station I.S.S. est déjà construite et opérationnelle mais l'utilisation du coltan reste entretenue par des besoins industriels qui sont nombreux tels que la production de smartphones et des tablettes de dernière génération ainsi que des ordinateurs.

La zone stannifère de la R.D. Congo (Figure 4) qui est une zone avérée de la présence de coltan s'étend de la province du Haut-Lomami jusqu'au Nord-Kivu sur une superficie de près de 300 000 km^2, ce qui suppose de très grandes potentialités quant à la production de tantale et de colombium.

Le passé industriel de l'est de la R.D. Congo dans la production de cassitérite et d'étain l'a prouvé. La production renseignée de 6 400 tonnes d'étain en 2014 ainsi qu'en 2015, pour des réserves à déterminer constitue une source de coltan à capitaliser.

5. Histoire du colombium

Le niobium a été le premier élément à être découvert en 1801 lors de l'analyse d'un minerai noir encore inconnu du British Museum de Londres par l'anglais Charles Hatchett (1765-1847). Ce minerai, plus tard baptisé colombite avait été trouvé vers New London dans le Connecticut. De ce minerai a été extrait le colombium probablement à cause de l'origine du minerai.

6. Histoire du tantale

Le suédois Anders Gustaf Ekeberg (1767-1813) a découvert le tantale en 1802. Les minerais d'Ytterby en Suède comme l'yttrotantalite et de Kimito en Finlande étaient d'un intérêt particulier dans ces recherches à partir desquelles le tantale a été extrait.

En 1809, le chimiste anglais William Hyde Wollaston concluait après analyses d'une manière erronée que le colombium et le tantale n'étaient qu'un seul et même élément. Cette confusion a été levée par Heinrich Rose en 1844 qui différencia les deux éléments par leurs valences qui pouvaient être +3 et +5 pour le colombium et +5 seulement pour le tantale. Il rebaptisa le colombium en niobium d'après Niobe, la fille de Tantalus.

Les similarités chimiques des oxydes de ces métaux ont rendu la tâche difficile aux chimistes les chimistes de l'époque pour les séparer.

Marignac a développé vers 1866 un procédé de séparation par l'usage de sels de fluorure double de potassium. L'oxy-fluorure de potassium et de niobium - K_2NbOF_7 ayant une sélectivité supérieure à celle de fluorure de tantale et de potassium - K_2TaF_7.

III. Réserves de coltan

1. Introduction

Ces deux métaux sont le plus souvent associés dans la nature. Le tantale est surtout présent avec l'étain dans les gisements primaires (gisements liés aux granites différenciés dits « de départ acide », pegmatites albitiques et lithinifères) et dans les gisements alluvionnaires qui en dérivent (placers). Les gisements importants de niobium (souvent associés aux terres rares) sont plutôt liés à des roches intrusives alcalines (syénites alcalines, carbonatites). Les principaux minerais sont le colombo-tantalite de formule générale $(Fe, Mn)(Nb, Ta)_2O_5$ et le pyrochlore de formule générale $(Ca, Na)_{2-m}Nb_2O_6(O, OH, F)_{1-n} \cdot xH_2O$, riche source de niobium qui est un complexe de niobate de calcium et de sodium. Le calcium et le sodium sont parfois remplacés par le baryum, le strontium – Sr, les terres rares, le thorium – Th ou l'uranium – U. Ces deux derniers éléments sont responsables de la radioactivité du pyrochlore. Le niobium est parfois remplacé partiellement par du tantale comme dans $(Na, Ca)_2(Ta, Nb)_2O_6(O, OH, F)$.

Le tantale est donc issu très majoritairement de l'exploitation minière de la colombo-tantalite, que l'on trouve dans les pegmatiques. Il s'agit d'un type de gisement le plus souvent de petite taille mais qui forme des essaims pour constituer des districts miniers. Ces gisements sont presque toujours trop petits pour être exploitables de manière mécanisée. Pourtant, on connaît quelques pegmatites géantes exceptionnelles, comme les gisements australiens de Greenbushes et Wodgina (Sons of Gwalia, qui contrôle 60% de la production mondiale de tantale).

Tableau 4 – Composition des minéraux majeurs de tantale et de niobium.

Minerais	Composition	Ta_2O_5	Nb_2O_5
Colombite	$(Fe,Mn)(Nb,Ta)_2O_6$	5-30	55-78
Tantalite	$(Fe,Mn)(Nb,Ta)_2O_6$	42-84	2-40
Colombo-tantalite	$(Fe,Mn)(Nb,Ta)_2O_6$	20-50	20-60
Pyrochlore	$(Ce,Ca,Y)_2(Nb,Ta)_2O_6(OH,F)$	0-6	37-66
Microlite	$(Na,Ca)_2Ta_2O_6(O,OH,F)$	66-77	0-7
Loparite	$(Ce,Na,Ca)_2(Ti,Nb)_2O_6$	0.5-3	4-20
Euxenite	$(Y,Ca,Ce,U,Th)(Nb,TA,Ti)_2O_6$	0-47	4-47
Limenorutile	$(Ti,Nb,Fe)_3O_6$	0-36	20-43
Simpsonite	$Al_4(Nb,Ta)_3O_{13}(OH)$	60-80	0.3-6
Thoreaulite	$SnTa_2O_6$	73-77	-
Strueverite	$(Ti,Ta,Fe^{3+})_3O_6$	6-13	9-13
Fergusonite	$(Re^{3+},Nb,Ta)O_4$	4-43	14-46
Sumarskite	$(Fe,Ca,U,Y,Ce)_2(Nb,Ta)_2O_6$	15-30	40-45
Tapiolite	$(Fe,Mn)(Nb,Ta,Ti)_2O_6$	40-85	8-15

2. <u>La crise du tantale de 2000</u>

En 2000, le boom des nouvelles technologies de l'information et de la communication (NTIC) et en particulier du téléphone portable dans les pays développés a été fulgurant. Ce fut la pénétration d'un nouveau produit innovant la plus rapide jamais connue.

La croissance mondiale de la demande en tantale, qui était jusqu'ici en moyenne d'environ 8% par an, est brutalement passée à 35% en 2000 (2 700 tonnes). La production minière, arrivée au maximum de ses capacités de production a été dans l'incapacité de satisfaire cette demande.

Les industriels transformateurs de coltan dont l'essentiel de l'approvisionnement est assuré par des contrats à long terme à prix fixe, ont du se tourner vers le marché libre SPOT. De plus, face à un tel pic de la demande, ils ont également procédé à des achats de précaution (constitution de stocks), qui ont contribué à rapidement assécher le marché jusqu'à la pénurie, provoquant ainsi une situation de crise.

Le prix du tantale (Ta_2O_5) s'est mis à flamber, passant en quelques mois de 30 à plus de 210 USD/livre - Figure 1.

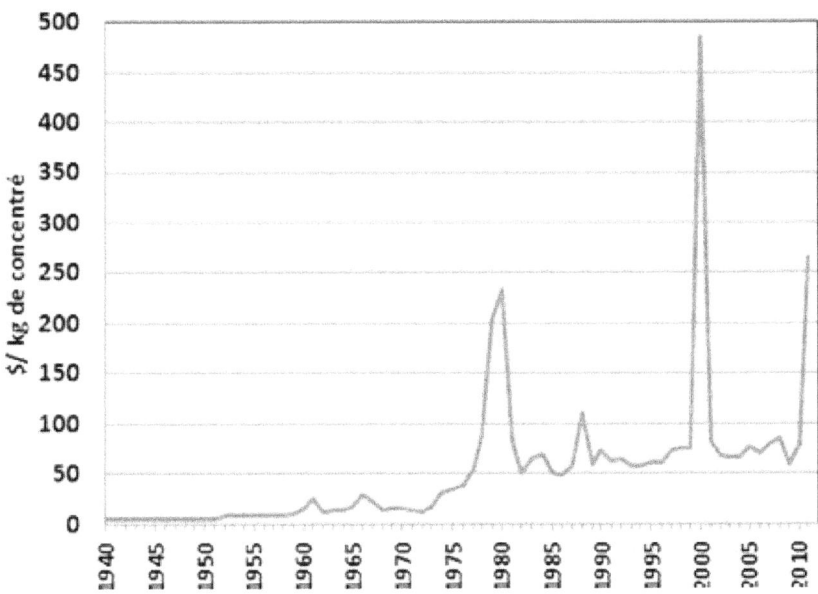

Figure 1 – Prix moyen du tantale en dollars courant sur base du pentoxyde contenu dans les concentrés (USGS, 2011).

3. Chaîne d'approvisionnement artisanale du coltan

D'après C. Hocquard, la chaîne d'approvisionnement liée à l'artisanat minier comprend six étapes :

3.1 La production minière artisanale (informelle)

C'est dans ce groupe que l'on retrouve les creuseurs artisanaux locaux et étrangers, des groupes rebelles ainsi que des militaires de tous bords.

3.2 La collecte du coltan par les comptoirs d'achat

Les comptoirs d'achats sont contrôlés par le ministère des mines mais différentes nationalités se retrouvent parmi les propriétaires.

3.3 Un réseau de transporteurs internationaux

Les plus grandes compagnies aériennes européennes se sont mises dans le transport juteux du coltan en créant même de nouvelles lignes aériennes.

3.4 Les transformateurs industriels

Les choses sérieuses commencent car le marché de la transformation pour l'obtention de la poudre de tantale de haute pureté est étroit. Les entreprises citées sont Cabot et H.C. Starck GmbH.

3.5 Les fabricants de condensateurs.

Etant donné que la plus grande consommation du coltan se situe dans les appareilles mobiles et les tablettes, les fabricants de condensateurs seront Kemet, Vishay et AVX.

3.6 Les fabricants d'appareils électroniques portables.

Les fabricants connus par ordre d'importance sont : Samsung, Apple, LG, Nokia…

4. Production mondiale

La production mondiale de tantale provient :

- à environ 60% de concentrés primaires de tantale (environ 670t en 2009), d'un petit nombre de pays : Brésil, Mozambique, Ethiopie, Canada. Une part importante, mais difficile à chiffrer, de l'offre mondiale provient de l'exploitation artisanale du «coltan» dans la région des Grands Lacs africains (R.D. Congo et Ruanda) ;
- à environ 10% de concentrés mixtes Ta-Nb ;
- à environ 10% de la valorisation des scories d'étain, particulièrement en Malaisie et en Thaïlande ;
- à environ 20% du recyclage.

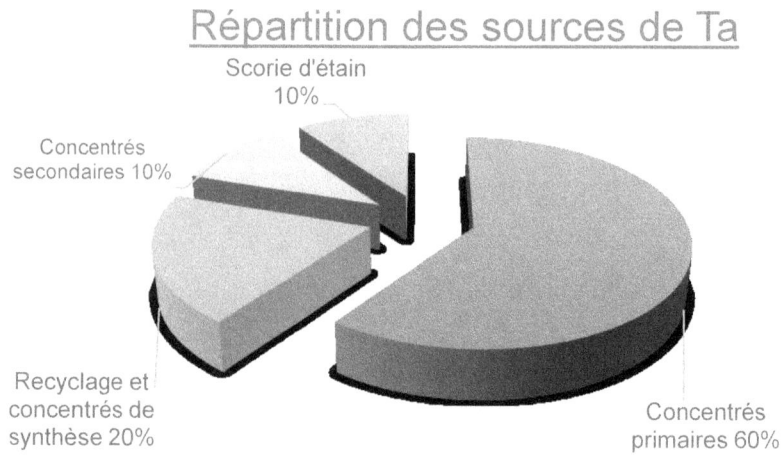

Figure 2 – Répartition des sources de tantale.

Il existe par ailleurs de nombreux gisements disséminés à basse teneur, non encore exploités, comme Abu Dabbab en Égypte, Kanyika au Malawi, etc. La mise ou remise en production de nouveaux projets pourrait permettre de satisfaire une croissance modérée de la demande (~5 % par an).

Tableau 5 – Production minière et réserves de tantale – USGS 2016.

Production minière mondiale et réserves - Tantale (tonnes)			
	2014	2015[e]	Réserves
USA	-	-	1 500
Ruanda	600	600	Non disponible
R.D. Congo	200	200	Non disponible
Brésil	150	150	36 000
Chine	60	60	Non disponible
Australie	50	50	67 000
Autres pays	140	140	Non disponible
Total mondial estimé	1 200	1 200	> 100 000

Les réserves de tantale des USA sont jugées à ce jour non exploitable économiquement.

La situation trouble de l'Est R.D. Congo voisine du Ruanda empêche l'estimation réelle de la production respective de ces pays et la détermination des réserves.

Tableau 6 – Importations de tantale – 2011 – 2014 – USGS 2016.

Importations de minerais et concentrés de tantale - 2011 - 2014	
Minerais	
Brésil	40%
Ruanda	17%
Canada	11%
Australie	10%
Autres	22%
Métal	
Chine	29%
Kazakhstan	28%
Allemagne	15%
Thaïlande	11%
Autres	17%
Déchets	
Estonie	21%
Indonésie	17%
Chine	14%
Autres	48%
Ta dans les minerais (concentrés) de Nb et déchets	
Chine	18%
Allemagne	12%
Indonésie	9%
Kazakhstan	9%
Autres	52%

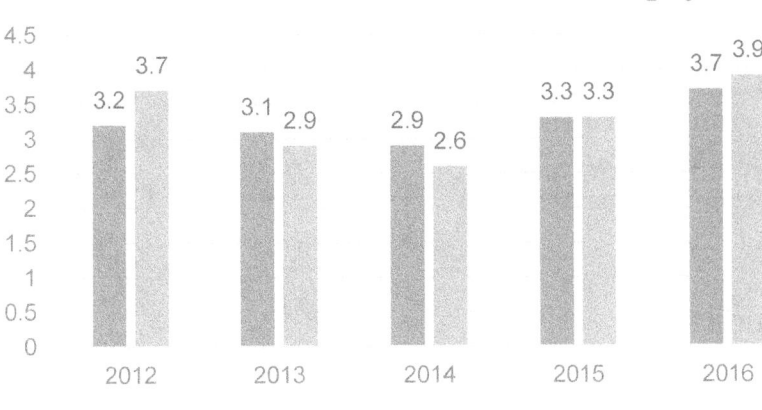

Figure 3 – Production vs. demande de Ta₂O₅ (Roskill).

Le graphique précédent montre que l'usage du tantale est redevenu croissant et supérieur à sa production.

Tableau 7 – Production minière et réserves de niobium – USGS 2016.

Production minière mondiale et réserves - Niobium (tonnes)		
2014	2015[(e)]	Réserves
USA	-	-	
Brésil	50 000	50 000	4 100 000
Canada	5 480	5 000	200 000
Autres pays	420	1 000	Non disponible
Total mondial estimé	55 900	56 000	> 4 300 000

(e) – Estimation

Tableau 8 – Importations de minerais et concentrés de Nb - 2011 – 2014 – USGS 2016.

Importations de minerais et concentrés de niobium - 2011 - 2014	
Brésil	39%
Ruanda	16%
Canada	10%
Australie	10%
Autres	25%

5. <u>Spécification du marché du tantale</u>

Sur le marché international requiert un minimum de 30% Ta_2O_5 mais la valeur 20% Ta_2O_5 est parfois acceptée. La quantité de Nb_2O_5 n'est généralement pas prise en compte dans le prix de vente.

Tableau 9 – Typologie géologique des gisements de tantale - BRGM.

Typologie géologique	Sources traditionnelles et réserves actuelles				Ressources futures	
	Scories et tailings de la métallurgie de l'étain	Pegmatites granitiques décomposées éluvial-alluvial	Pegmatites granitiques zonées en roche	Granites paralumineux "spécialisés" à Na-Li-F (Be, Sn)	Complexes alcalins-peralcalins	Carbonatites à pyrochlore
Production actuelle de Ta	10%	82%	82%	8% Gisements futurs	0% Gisements futurs	0% Gisements futurs
Tonnage	en déclin	Faible	Variable	Elevé	Elevé	Elevé
Teneur	Elevée	Elevée	Elevée	Faible	Faible	Faible
Coltan et sous-produits valorisables	Ta, Nb, Sn	Ta, Nb, Sn	Sn, Ta, Li, Be, Rb, Cs, feldspath, mica, béryl, etc.	Sn, Ta, Li, Nb (Be)	REE, Zr, Y, Nb>Ta, Sn	REE, Zr, Y, Nb>>Ta, REE, P, Y, etc.
Contaminants (U_3O_8 et ThO_2)	Variable	Faible	Variable	Variable	Forte (traitement sur place)	Forte (traitement sur place)
Porteur principaux de Ta	Cassitérite, rutile Ta	Tantalite	Tantalite	Columbite, microlite, cassitérite Ta	Pyrochlore (Columbite)	Pyrochlore
Traitement	-	Gravimétrie	Gravimétrie	Gravimétrie / Flottation	Gravimétrie / Flottation	Gravimétrie / Flottation
Investissement	Faible	Faible	Faible	Elevé	Elevé	Elevé
Durée de développement	Courte	Courte	Moyenne	Longue	Longue	Longue

6. <u>Spécification du marché du niobium</u>

Lorsque le matériau contient essentiellement Nb_2O_5 et peu de Ta_2O_5, il sera vendu comme de la colombite et devra contenir au minimum 50% du premier minéral. Le calcul du prix sera basé sur la teneur Nb_2O_5 + Ta_2O_5 payée uniquement comme Nb_2O_5.

7. <u>Autres spécifications</u>

Les minerais de tantale et de niobium contiennent parfois des quantités naturelles élevées de thorium et d'uranium qui permet leurs classifications en minerais radioactifs selon les normes de manipulation et de transport. La détermination des analyses en uranium et en thorium pour déterminer le caractère radioactif ou non radioactif est de la responsabilité du producteur et du trader.

A titre d'information, les niveaux limites pour des radiations de 1Bq/g en éléments dangereux pour les opérations minières et les manipulations sont à titre d'exemple 0.013% ThO_2 plus 0.0048% U_3O_8, tandis que pour le transport les niveaux à considérer sont de l'ordre de 10 Bq/g ou 0.13% ThO_2 plus 0.048% U_3O_8.

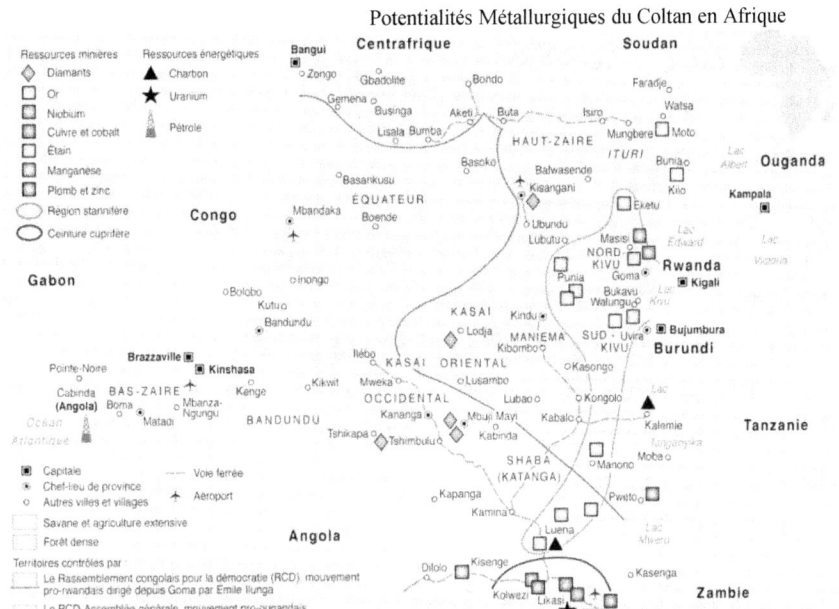

Figure 4 – Ressources minières de la R.D. Congo.

IV. Usages du coltan

1. Introduction

Depuis 2000, la consommation mondiale de tantale a varié entre 1 000 et 2 000 t/an. Après une croissance importante au début des années 2000 (> 2 300 t en 2000) du fait de l'explosion de la demande pour les téléphones portables, cette consommation s'est ralentie depuis la fin 2008 pour se situer autour de 1000 t en 2009, conséquence du ralentissement économique global et de la miniaturisation toujours plus poussée des composants.

En raison de ses propriétés particulièrement intéressantes et de la tendance à la miniaturisation en électronique, la demande mondiale en tantale devrait rester importante pour le secteur des condensateurs

2. Usage du tantale
2.1 Electronique

Le tantale est un bon conducteur de chaleur et d'électricité.

Le tantale est métal produit en très faible quantité qui sert principalement à fabriquer les condensateurs de l'ordre de près de 50% actuellement contre 60-70% de son utilisation il y a une dizaine d'années. Ces condensateurs sont utilisés dans l'électronique automobile ainsi que dans tous les petits appareils électroniques portables (téléphones, ordinateurs portables, PDA, caméras vidéo, etc.). Toutefois, la quantité de tantale contenu par condensateur est infime (<0,02 g) et en constante diminution, de sorte que tout se joue sur l'effet de masse (810 millions de téléphones portables fabriqués en 2005, 1.3 milliards produits en 2013, 1.64 milliards en 2014.

Les condensateurs fabriqués à partir de tantale sont performants à des températures pouvant varier de −55 °C jusqu'à 125 °C et présentent des avantages de capacité électrique, de dimensions et de poids. Ces particularités sont intéressantes, notamment pour le secteur de l'automobile (coussins gonflables, GPS, etc.). Selon la société minière Global Advanced Metals, les condensateurs fabriqués à partir de tantale représentent aujourd'hui 5 % de l'ensemble de leur fabrication.

Le nitrure de tantale (TaN) sert de semiconducteur dans les diodes électroluminescentes (LED), les cellules solaires, les transistors et les circuits intégrés.

Il sert également à la fabrication de cibles de pulvérisation cathodique qui permettent de déposer des couches minces, notamment sur les têtes des imprimantes à jet d'encre, les clés USB et les écrans plats.

2.2   <u>Alliages résistants aux hautes températures.</u>

Suite à sa bonne tenue aux hautes températures, le tantale est aussi utilisé dans les superalliages destinés aux moteurs d'avions, aux turbines à gaz, aux réacteurs nucléaires (creusets) et autres matériaux réfractaires.

2.3   <u>Alliages résistants aux hautes températures et à la corrosion.</u>

Ses propriétés face aux hautes températures et à la résistance à la corrosion assure son utilisation dans la fabrication des outils de coupe sous forme de carbure cémenté (± W, V, Nb, Ti).

Le tantale associé aux implants en chirurgie orthopédique et dans la fabrication d'instruments chirurgicaux notamment grâce à sa biocompatibilité.

Le tantale est utilisé dans la protection contre la corrosion et dans les anodes utilisées en conditions extrêmes (haute densité de courant anodique, haute température, milieux acides ou saumures).

Le tantale est également utilisé comme matériaux anti-acides.

2.4 Autres utilisations

Le tantale est utilisé en optique et comme filtre pour rayons X.

Le tantalate de lithium ($LiTaO_3$) associé au niobate de lithium ($LiNbO_3$) possède des propriétés électro-optiques, acoustiques et piézoélectriques uniques, utilisées dans les filtres d'ondes acoustiques de surface (téléphones cellulaires et sans fil, téléviseurs, enregistreurs vidéo…).

Les qualités supérieures du tantale sont particulièrement utilisées lorsque sont notamment recherchées la sécurité des opérations ainsi que la pureté des produits dans l'industrie pharmaceutique et chimique. Comme le tantale ne réagit pas avec les fluides organiques, il et recherché dans la fabrication d'instruments chirurgicaux.

Tableau 10 – Utilisations du tantale.[8]

Produits	Utilisations	Propriétés
Carbure de tantale	Outils de coupe	Résistance à la déformation à haute température, contrôle de la croissance du grain
Tantalate de lithium	Filtres (Surface Acoustic Wave - SAW) des appareils mobiles, chaînes stéréos et télévisions	Amélioration des ondes des signaux électroniques
Oxyde de tantale	Verres de lunettes, de caméras digitales et de téléphones portables. Fils pour rayons x. Imprimantes à jet d'encre.	Ta_2O_5 augmente l'indice de difraction permettant l'utilisation de lentilles plus minces et plus petites. Le Phosphore d'yttrium et de tantalite forme un écran à rayon x et augmente la qualité des images. Résistance à l'usure du verre. Condensateurs intégrés pour circuits intégrés.
Poudre de tantale	Condensateurs au tantale pour appareils 'assistance à l'écoute ou pour similateurs cardiaques. Appareillages automobiles: ABS, airbags, système de gestion du moteur et GPS. Appareils portables: laptops, téléphones, caméras. Lecteurs DVD, écrans plats, consoles por jeux, chargeurs de batteries, redresseurs électriques, jauges à huiles.	Matériel hautement fiable. Fonctionne sous une grande gamme de température -55 à +200°C, supporte les vibrations. Important rapport dimension par microfarad/capacité de stockage d'énergie.

Produits	Utilisations	Propriétés
Feuilles et plaques de tantale	Equipement de l'industrie chimique tels que les revêtements, réservoirs, systèmes de protection des structures en acier notamments des ponts, réservoirs d'eau. Boulonnerie anti-corrosion.	Résistance à la corrosion équivalente à celle du verre.
Feuilles, plaques et tiges de tantale	Prothèses humaines, tiges métallique en traumatologie, agraffes pour points de suture.	Bonne compatibilité avec le corps humain.
Feuilles, plaques et tiges de tantale	Composants de fours à haute température.	La empérature de fusion élevée, fonctionnement sous-vide en atmosphère protectrice.
Lingot de tantale	Alliages à haute température pour: turbine pour engins volants ou turbines au sol (fusées, avions vannes).	Les alliages à 3-11% de tantale offre une grande résistance aux gaz chauds
Lingot de tantale	Disques durs d'ordinateurs	
Lingot de tantale	Projectiles pour missiles	

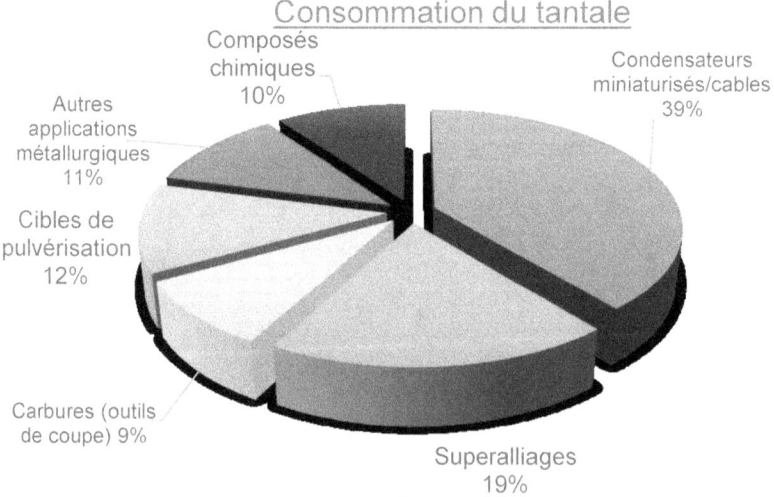

Figure 5 – Consommation du tantale.

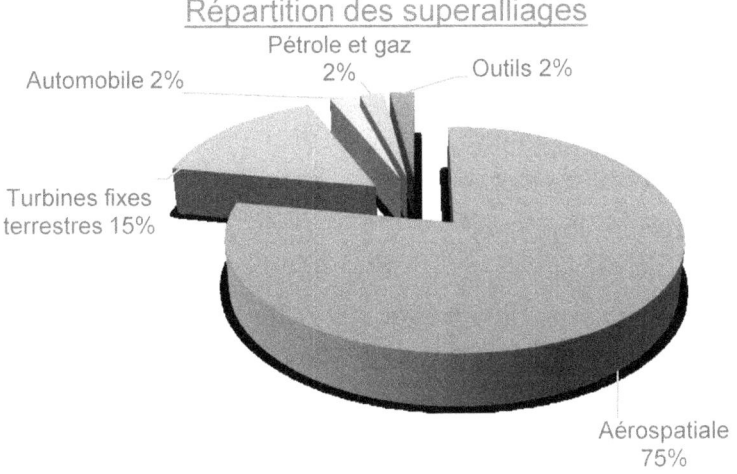

Figure 6 – Répartition des superalliages.

3. <u>Usage du niobium</u>

Le niobium est un élément d'alliage de qualité supérieur.

Près de 80% de niobium sont surtout utilisés comme ferro-niobium dans la fabrication des aciers soudables à haute limite d'élasticité, des aciers au carbone, des aciers inoxydables et des superalliages pour turbines et réacteurs d'avions.

La destination essentielle de ces aciers au niobium est la production de tôles pour automobiles et pour gazoducs.

Les alliages au niobium sont utilisés dans la fabrication d'aimants supraconducteurs des accélérateurs à particules.

La particularité de coloration par anodisation fait qu'il est aussi utilisé en joaillerie pour sa moindre toxicité compare à celle des encres.

Sous forme d'oxyde, le niobium est utilisé en optique pour sa propriété d'accroissement de l'indice de diffraction.

Les composants électroniques à base de d'oxyde de niobium sont de plus en plus utilisés notamment pour les filtres de fréquence faits de cristaux de Nb_2O_5.

Il sert également à la fabrication de cibles de pulvérisation cathodique.

Le niobium est utilisé dans l'industrie du tatouage et du piercing.

Tableau 11 – Utilisations du niobium.[8]

Produits	Utilisations	Propriétés
HSLA Ferro-niobium (~60%)	Additifs de niobium aux aciers fortement résistants faiblement alliés et acies inoxydables pour tuyauterie dans l'industrie pétrolière, les voitures, les cabines de camions, en architecture, les outils en acier, les rails de chemin de fer.	Amélioration significative de la charge de rupture et de la texture.
Oxyde de niobium	Niobate de lithium pour filtres acoustiques, lentilles de caméras, revêtement pour	Haut indice de diffraction. Haute constante diélectrique. Augmentation de la transmission lumineuse.
Carbure de niobium	Outils de coupe.	Résistance à la déformation à haute température. Contrôle de la croissance du grain.
Poudre de niobium	Condensateurs au niobium.	Haute constance diélectrique, stabilité des oxydes diélectriques.
Plaques, feuilles, tiges et fils de niobium	Système de protection cathodique pour pièces massives. Matériel de l'industrie chimique.	Résistance à la corrosion, formation d'un film d'oxyde et de nitrite. Augmente la résistance à haute température et la résistance à la corrosion, résistance à l'oxydation, diminution de l'érosion à haute température.
Alliages Nb-Ti et alliages Nb-Sn	Enroulement superconducteur et magnétique en imagerie, résonance magnétique (IRM), magnéto-encéphalogramme, système de transport par lévitation magnétique,	Résistance électrique virtuellement nulle ou en deça de celle de l'hélium liquide (-268,8°C).
Alliage niobium-1% Zircon	Lampes à vapeurs de sodium. Equipement de l'industrie chimique.	Résistance à la corrosion, fixation d'oxygène.
Ferro-niobium sous-vide et nickel-niobium	Alliages à haute température pour: turbine pour engins volants ou turbines au sol (fusées, avions vannes), alliages de la famille des inconels, super-alliages.	Résistance à la haite température et à la corrosion à haute température. Erosion limitée à haute température.

4. Matériaux de substitution

4.1 Substituts du tantale

La similarité cristallochimique du tantale et du niobium fait qu'ils peuvent se substituer mutuellement dans une certaine mesure pour certaines applications notamment celles concernant la protection face à la corrosion et la résistance à hautes températures.

Le tantale dispose toutefois d'un certain nombre de substituts plus ou moins efficaces.

Le tantale n'est pas remplaçable efficacement en chirurgie et plus particulièrement dans la chirurgie de précision.

Tableau 12 – Substituts du tantale.

Substituts du tantale	
Eléménts	Utilisations
Niobium, tungstène	Carbures cémentés
Niobium	Alliages anti-corrosion et alliages résistants à hautes températures
Aluminium	Condensateurs électroniques
Céramiques	Condensateurs
Céramiques, titane	Chirurgie orthopédique (prothèses)
Aciers au nickel	Instrumentation chirurgicale
Vanadium, hafnium, iridium, molybdène, niobium, rhénium et tungstène	Applications à haute températures
Verre, niobium, platine, titane et zirconium	Applications anti-corrosion

4.2 Substituts du niobium

La substitution du niobium se fait avec parfois quelques pertes de qualités et une hausse dans le coût du matériau final.

Tableau 13 – Substituts du niobium.

Substituts du niobium	
Eléménts	Utilisations
Molybdène et vanadium	Aciers résistants légèrements alliés
Tungstène	Applications à haute températures

V. Production du coltan

1. <u>Technique de production de coltan au Kivu – R.D. Congo</u>

En R.D. Congo, le coltan est essentiellement extrait à partir de la cassitérite. La cassitérite de l'est-congolais est mélangée avec du tungstène et de la colombo-tantalite (coltan) ainsi que d'autres métaux.

Le minerai finement broyé passe par des opérations successives séparations magnétique pour l'extraction par ordre de gravité croissante de la cassitérite, du coltan et pour finir le tungstène.

Les différents produits sont vendus tels quels séparément.

2. <u>Production de concentrés de tantale</u>
2.1 <u>Généralités</u>

L'extraction du minerai de tantale se fait dans le monde d'une manière artisanale, industrielle comme produit primaire ou secondaire.

Le Brésil est le plus grand producteur à ce jour suivi, de la Chine, de la R.D. Congo, de la Russie et du Ruanda. D'autres producteurs moyens ou mineurs existent tels que l'Australie, le Burundi, la France, la Malaisie, le Mozambique, la Namibie, le Nigeria, la Thaïlande et le Zimbabwe.

Au début des années 2000, les plus grandes productions industrielles se faisaient en Australie, le Brésil, le Canada, l'Ethiopie et le Mozambique.

Après, la crise de 2008, l'Australie, le Canada, et le Mozambique ont arrêté leurs opérations pour reprendre pour l'Australie en 2011.

La production de l'Ethiopie a été arrêtée pour des difficultés de transport à l'export.

Le tantale est produit au Brésil et en Malaisie comme scorie d'étain, production secondaire de la pyrométallurgie de l'étain.

Il existe ainsi des ressources exploitées ou peu exploitées en plus du Brésil et de l'Australie en China, en R.D. Congo, en Ethiopie, au Mozambique, au Nigeria, en Russie et au Ruanda.

L'exploration du tantale se fait au Canada, en Colombie, en Egypte, à Madagascar, en Namibie, en Arabie Saoudite, au Sierra Leone, en République Sud-Africaine, en Tanzanie, au Venezuela et au Zimbabwe.

Plus de 70 espèces minérales de tantale sont répertoriées. Les plus riches et plus économiquement rentables sont la tantalite, la microlite et la wodginite mais on parle plus généralement de tantalite en fonction du métal recherché pour le traitement ou la vente.

Le minéral subit une concentration physique à proximité de la mine afin d'en augmenter la masse volumique.

Les ventes du minerai se font selon des teneurs en oxyde de tantale (Ta_2O_5) à des teneurs entre 20-60%.

Les concentrés de tantale pouvant contenir jusqu'à 5 espèces minérales de la même zone d'exploitation est envoyé à l'unité de traitement chimique.

Tableau 14 – Origine géographique du tantale – TIC.

Source	Mlb	Pourcentage
Amérique du sud	285	41%
Australie	145	21%
Chine et Sud-Est asiatique	73	10%
Russie et Moyen-orient	69	10%
Afrique centrale	63	9%
Reste de l'Afrique	47	7%
Amérique du Nord	12	2%
Europe	5	1%
Total	699	

Tableau 15 – Origine technologique du tantale – TIC.

Source	% 2008	% 2012
Concentrés primaires	60%	40%
Concentrés secondaires	10%	10%
Scorie d'étain	10%	20%
Recyclage de scorie d'étain et concentrés de synthèse	20%	30%

Tableau 16 – Hémipentoxyde de niobium et de tantale de différentes scories.

Pays	Nb_2O_5	Ta_2O_5
Malaisie	4%	4%
Nigéria	14%	4%
Portugal	7%	7%
Singapour	3%	2%
Thaïlande	8%	12%
R.D. Congo	5%	9%

2.2 <u>Précipitation d'hémipentoxyde de niobium et de tantale par l'ammoniaque</u>

Les oxydes Nb_2O_5 et Ta_2O_5 peuvent être précipités purs par précipitation à l'ammoniaque à pH ≥10 partir de solutions acides de H_2TaF_7 et H_2NbF_7 issues d'extractions par solvants.

$$2H_2TaF_7 + 14NH_4OH \rightarrow Ta_2O_5 \cdot nH_2O_{(solides)} + 14NH_4F + (7-n)H_2O$$

$$2H_2NbF_7 + 10NH_4OH \rightarrow Nb_2O_5 \cdot nH_2O_{(solides)} + 10NH_4F + (9-n)H_2O$$

Les produits sont filtrés, lavés, séchés et calcinés.

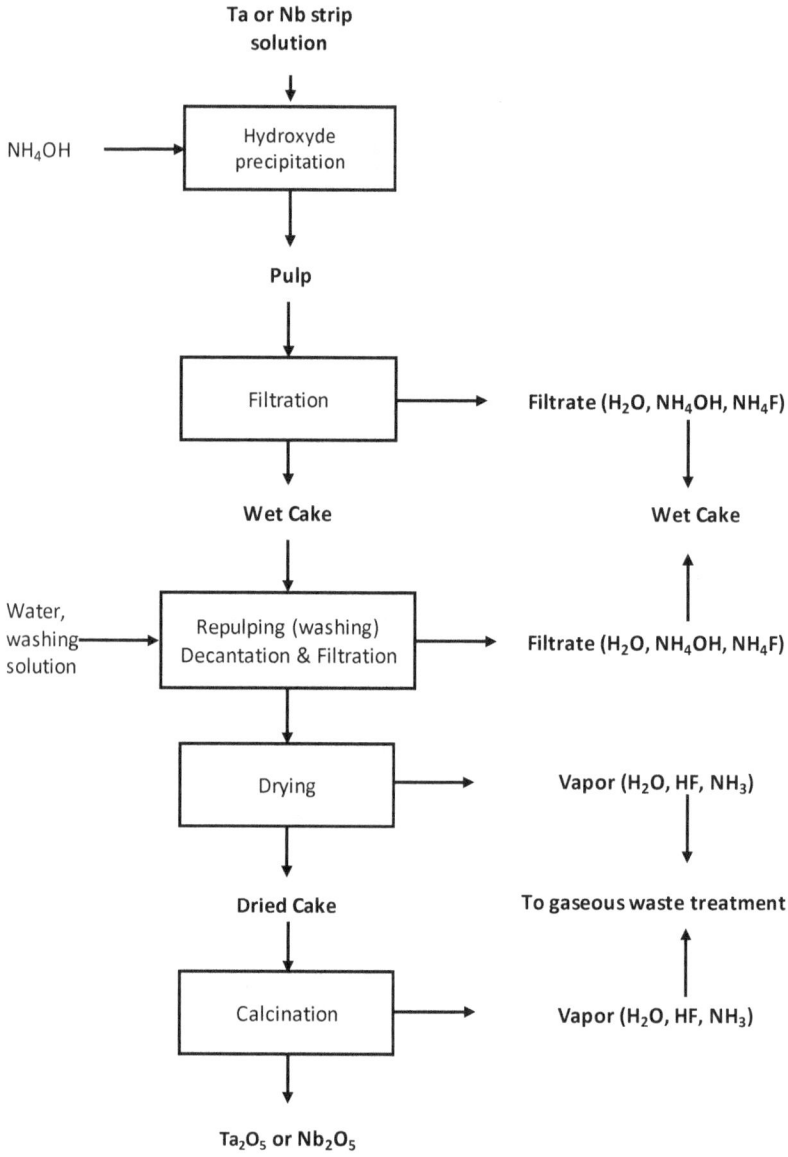

Figure 7 – Précipitation d'oxydes de tantale/niobium par de l'ammoniaque.

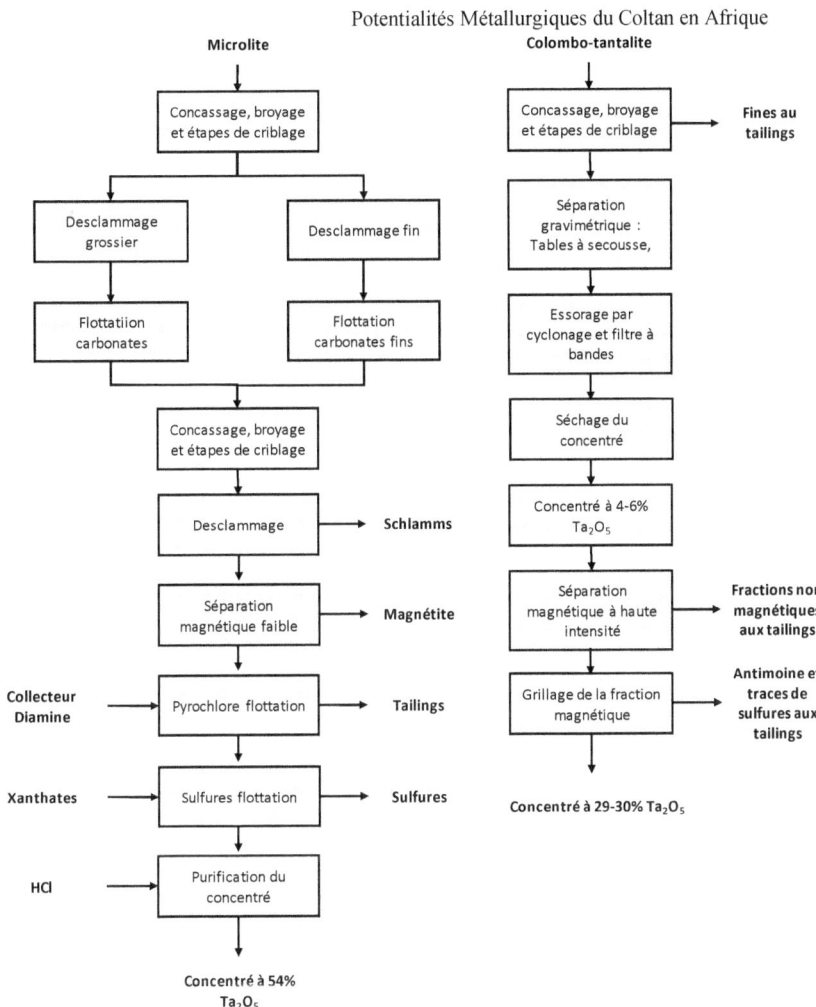

Figure 8 – Production de concentrés de tantale à partir de microlite (pyrochlore) et colombo-tantalite.

3. Production de concentré de colombium

La source primaire du niobium est le pyrochlore. La plus grande réserve est à Araxa au Brésil et appartient à Companhia Brasileira de Metalurgia e Mineracao (CBMM). Elle est de 460 millions de tonnes.

L'exploitation de ce gisement de 2.5-3.0 % Nb_2O_5 se fait en mine à ciel ouvert.

Avec d'autres grands gisements tels que celui de Anglo American Niobio Brasil et de Niobec Mine au Québec, nous avons là 90% de la production du niobium du monde.

Tableau 17 – Grandes réserves de pyrochlore en opération.

Compagnie	Source Localisation	Teneur % Nb_2O_5	Quantité Millions de t
Companhia Brasileira de Metalurgia e Mineracao (CBMM)	Axara-Brésil	2.5-3.0	460
Anglo American Niobio Brasil	Brésil	1.34	18
Niobec Mine - Iamgold	Québec-Canada	0.41	2.6

Ces trois exploitations de pyrochlore sont traitées par des moyens de traitement physiques primaires pour obtenir des teneurs de 55-60% Nb_2O_5 afin de donner par la suite essentiellement du ferro-niobium qui sera utilisé dans la production d'acier de type HSLA (high-strength, low-alloy steel) ou aciers légèrement alliés à haute résistance utilisés dans l'industrie automobile ainsi que dans la construction.

La colombite qui est un colombo-tantalite particulièrement riche en niobium se retrouve au Brésil, en Afrique centrale (R.D. Congo et Ruanda) et au Nigéria.

Contrairement au pyrochlore, la colombite ne subit pas de traitement physique sur place et est envoyé au même traitement que le minerai de tantale pour y être traitée comme de la tantalite et le niobium obtenu est utilisé lorsqu'on a besoin de d'oxyde de niobium à hautes teneurs ou autres produits à base de niobium.

Le niobium est aussi obtenu des scories de la pyrométallurgie de l'étain comme décrit sur la **Figure 9**. Cette technique peut être étendue chez les producteurs d'étain de R.D. Congo.

On observe dans ce bloc-diagramme deux étapes de lixiviation.

1ère étape de lixiviation :

Les réactions possibles en présence d'acide chlorhydrique sont :

$$Nb_2O_5 + 2HCl \rightarrow 2NbO_2Cl + H_2O$$

$$Ta_2O_5 + 2HCl \rightarrow 2TaO_2Cl + H_2O$$

$$MnO_2 + 2HCl \rightarrow MnCl_2 + H_2O + \frac{1}{2}O_2$$

$$FeO + 2HCl \rightarrow FeCl_2 + H_2O$$

$$CaO + 2HCl \rightarrow CaCl_2 + H_2O$$

$$SiO_2 + 4HCl \rightarrow SiCl_4 + 2H_2O$$

$$Al_2O_3 + 6HCl \rightarrow 2AlCl_3 + 3H_2O$$

$$TiO_2 + 4HCl \rightarrow TiCl_4 + 2H_2O$$

$$SnO_2 + 4HCl \rightarrow SnCl_4 + 2H_2O$$

2ème étape de lixiviation :

Les résidus de la précédente étape de lixiviation subiront une lixiviation basique par NaOH.

$$2NbO_2Cl + NaOH \rightarrow Nb_2O_5 + 2NaCl + H_2O$$

$$2TaO_2Cl + 2NaOH \rightarrow Ta_2O_5 + 2NaCl + H_2O$$

$$MnCl_2 + 2NaOH \rightarrow MnO + 2NaCl + H_2O$$

$$FeCl_2 + 2NaOH \rightarrow FeO + 2NaCl + H_2O$$

$$CaCl_2 + 2NaOH \rightarrow CaO + 2NaCl + H_2O$$

$$SiCl_4 + 4NaOH \rightarrow SiO_2 + 4NaCl + 2H_2O$$

$$2AlCl_3 + 6NaOH \rightarrow Al_2O_3 + 6NaCl + 3H_2O$$

$$TiCl_4 + 4NaOH \rightarrow TiO_2 + 4NaCl + 2H_2O$$

$$SnCl_4 + 4NaOH \rightarrow SnO_2 + 4NaCl + 2H_2O$$

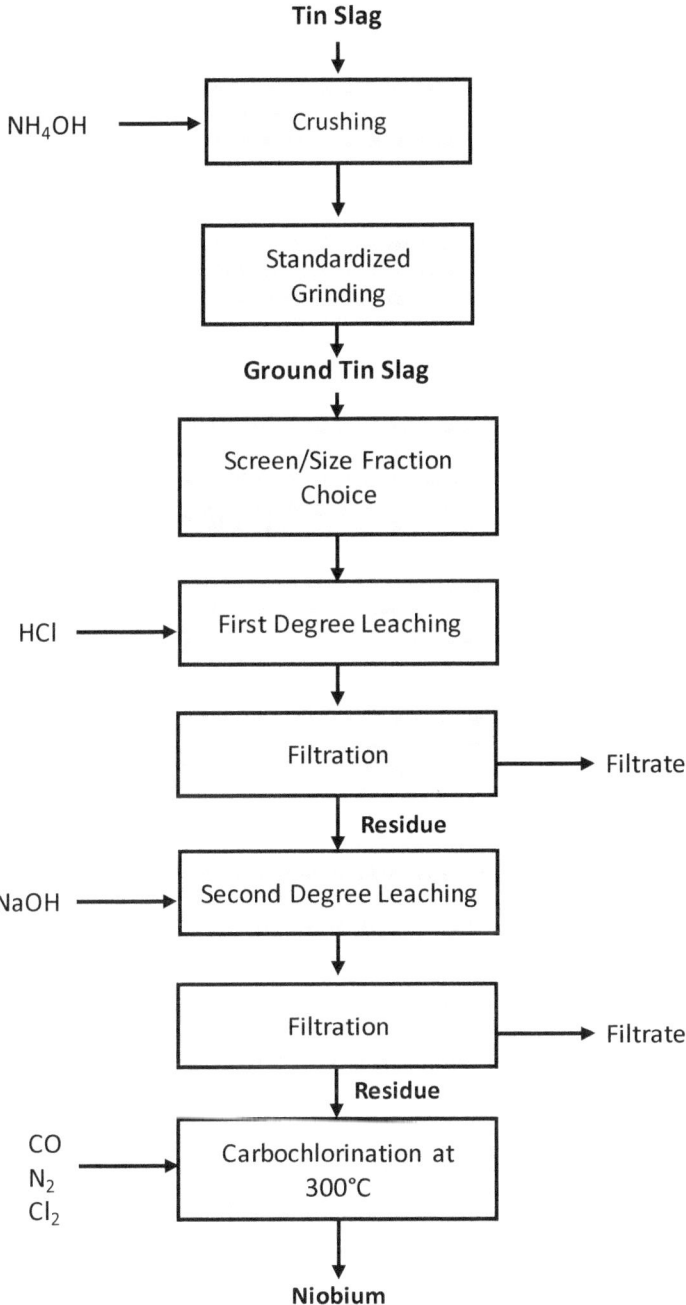

Figure 9 – Production de niobium à partir des scories de production d'étain.[10]

VI.   Métallurgie du niobium et du tantale

1. Introduction

La séparation du niobium du tantale n'était pas aisée compte-tenu de la similarité des propriétés de leurs oxydes et de la dimension quasi-identique de leurs rayons atomiques.

Pendant de nombreuses années, seul le procédé développé par Jean Charles Galissard de Marignac en 1866 de cristallisation fractionnée (différence de solubilités) de l'heptafluorotantalate de potassium K_2TaF_7 et de l'oxypentafluoraniobate monohydraté $K_2(NbOF_5).H_2O$ de potassium étaient utilisés d'une manière industrielle.

Cette méthode a été supplantée par l'extraction par solvant des solutions fluorées.

Le niobium et le tantale sont réactifs face à l'oxygène. C'est pourquoi leurs métaux sont purifiés par métallurgie sous-vide au-delà de 2000°C ou par fusion par bombardement électronique (Electron Beam Refining) dans le but d'éliminer l'oxygène sous-forme de NbO ou TaO volatiles de pression de vapeur supérieure à celle du métal. On parlera ainsi de pyro-vacuo-métallurgie.

2. Traitement des sources primaires
2.1 Réduction

La réduction directe du pyrochlore ou du coltan peut se faire par l'aluminium ou le carbone avec ou sans utilisation de fer ou d'oxydes de fer.

2.1.1 Réduction aluminothermique

La réduction aluminothermique est particulièrement exothermique et thermodynamiquement réalisable même à température ambiante.

La réduction aluminothermique joue sur la valeur relative des énergies libres de Gibbs. Les métaux à énergie libres plus négatives que celle de l'alumine passent à l'état métallique tandis que les autres métaux accompagnent les alliages ferreux dans la scorie.

Le produit de l'aluminothermie est un alliage ferreux.

2.1.2 Réduction carbothermique du tantale

La réduction carbothermique est endothermique et n'est thermodynamiquement possible qu'à haute température (≥1500°C). Un inconvénient à la carbothermie est la formation de carbure de niobium et des carbures de tantale lorsqu'il y a excès de carbone.

La température de réduction dépend de la pression de CO dans le système.

Si $P_{CO} = 1\ torr$ la température opératoire sera 2130°C.

Si $P_{CO} = 10^{-3}\ torr$ la température opératoire sera 1705°C.

On a donc intérêt à appliquer la métallurgie sous-vide.

$$Ta_2O_5 + 7C = 2TaC + 5CO$$

$$Ta_2O_5 + 12TaC = 7Ta_2C + 5CO$$

$$Ta_2O_5 + 5Ta_2C = 12Ta + 5CO$$

Compte-tenu de sa température de fusion élevée (3020°C), il est possible d'obtenir par les réactions présentées ci-dessus du tantale métallique directement autour de 2860°C.

Le tantale obtenu par réduction carbothermique à 200°C et une pression de 10^{-4} torr est à 99.8% de pureté (C, O < 0,1% chacun).

2.1.3 <u>La réduction carbothermique du niobium</u>

La réduction carbothermique de l'hémipentoxyde de niobium se fait en deux étapes essentielles.

1.° <u>Production de carbure de niobium</u>

$$Nb_2O_5 + 7C = 2NbC + 5CO$$

2.° <u>Production du niobium métallique</u>

Le carbure obtenu à l'étape précédente réagit avec l'oxyde pour donner du niobium métallique.

$$Nb_2O_5 + 5NbC = 7Nb + 5CO$$

La pureté du niobium obtenu dépend de la qualité du vide appliqué.

Tableau 18 – *Résultat de la réduction sous-vide de Nb_2O_5 par NbC.*

Réduction de Nb_2O_5 par NbC en Nb sous-vide			Teneurs (wt-%)		
Température (°C)	Pression finale (torr)	Temps (min)	O	C	N
1500	10^{-3}	80	6	2	0.39
1800	10^{-2}	100	2.5	1.1	0.41
2100	10^{-4}	140	<0.1	<0.2	0.02

Le mélange de départ contenait 10 wt-% O_2 et 7 wt-% C.

Le produit de la carbothermie est un alliage ferreux ou un carbure contenant la totalité du tantale et du niobium ainsi que certains métaux contenus dans l'alimentation.

2.1.4 Réduction calciothermique

$$Nb_2O_5 + 5Ca \rightarrow 2Nb + 5CaO$$

$$Ta_2O_5 + 5Ca \rightarrow 2Ta + 5CaO$$

A la fin des réactions précédentes, le métal obtenu sous forme poudreuse peut être extrait par un traitement acide afin d'écarter l'oxyde de calcium. La pureté des poudres dépend de celle des oxydes de départ et de celle du calcium et l'oxygène résiduaire est éliminé par un traitement sous-vide des pellets obtenus à partir de la poudre.

A plus haute température en réacteurs clos (bomb reactors) avec du sodium ou de l'aluminium, on obtient des biscuits de niobium ou de tantale nécessitant une purification vacuo-thermique.

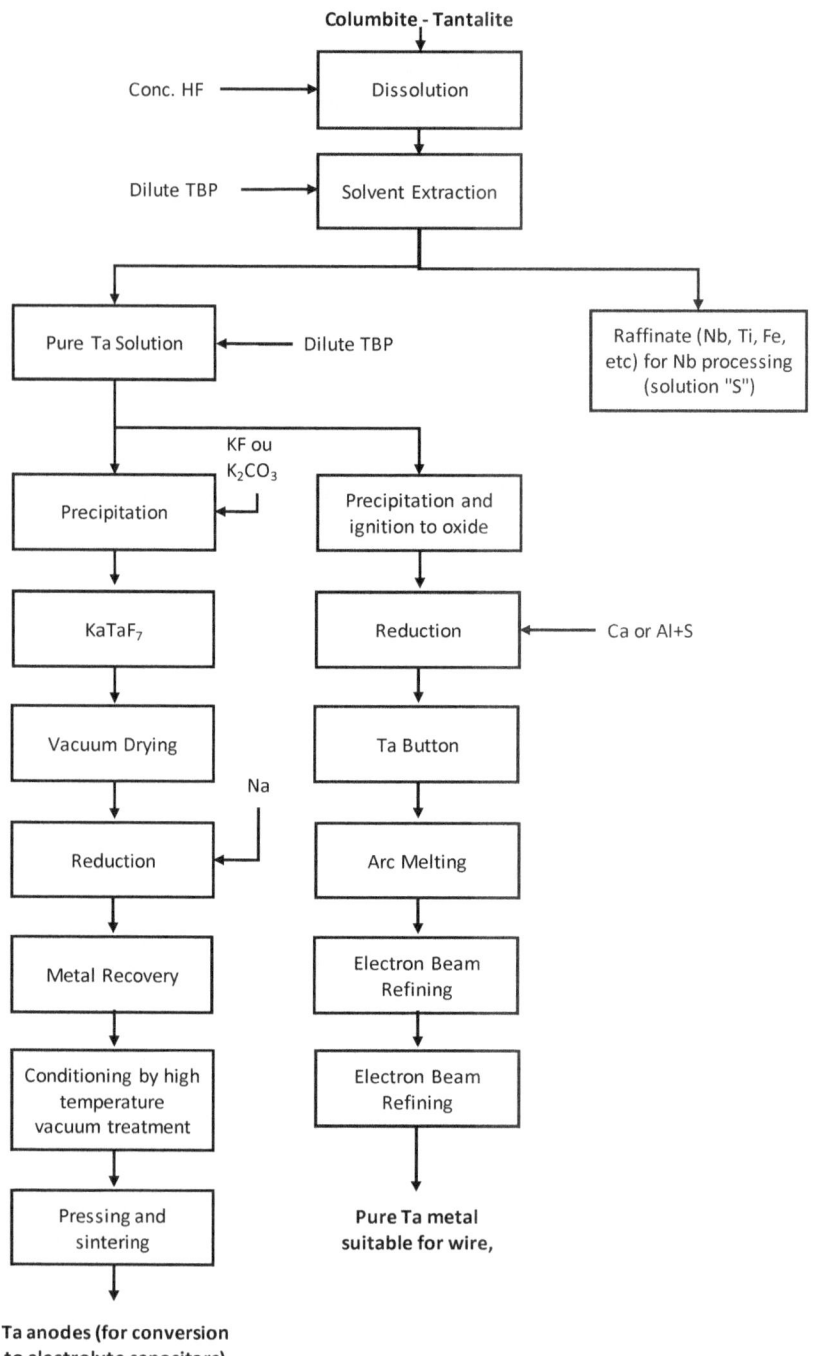

Figure 10 – Production d'anodes de tantale.[4]

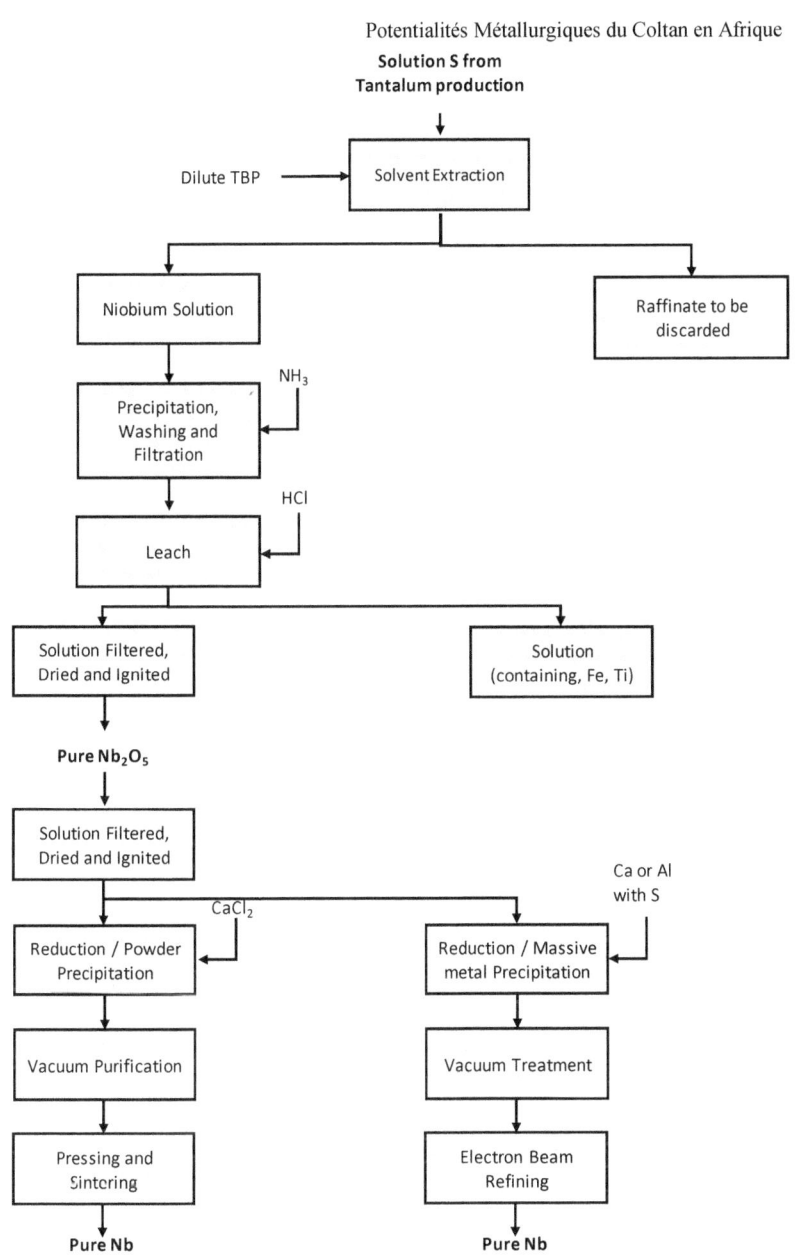

Figure 11 – Production de niobium nucléairement pur.[4]

2.2 Chlorination
2.2.1 Introduction

La chlorination est un procédé destiné particulièrement au traitement des minerais et concentrés de beaucoup de métaux réfractaires.

Lors de la chlorination, les espèces métalliques contenues dans les minerais ou concentrés sont récupérées en les transformant en chlorures par voie sèche.

La chlorination est assurée par :

- La haute réactivité du chlore ;
- La gazéification aisée de la plupart des chlorures ;
- La séparation aisée par différences de pressions de vapeurs ou par la différence de réactivité avec l'oxygène et/ou l'eau et la réduction aisée par l'hydrogène ;
- La haute solubilité des chlorures dans l'eau.

La chlorination est intéressante également pour la séparation/purification des nombreux éléments contenus dans le concentré et pour la réduction à l'état métallique.

Il existe deux voies majeures de chlorination.

1.° Les chlorures métalliques produits sont non volatiles et sont récupérés en phases fondues ou par lixiviation à l'eau.
2.° Les chlorures métalliques produits sont volatilisés avec les gaz s'échappant du milieu réactionnel. Ils sont récupérés par condensation.

Il existe aussi un autre type de chlorination dit ségrégation au cours duquel les métaux ne sont pas récupérés comme chlorures.

2.2.2 Procédé de carbochlorination
2.2.2.1 Introduction

Pour les métaux susceptibles de passer par la chlorination, l'énergie libre se rapporte à la réaction suivante où le chlore est utilisé directement :

$$M + 0.5Cl_2 = MCl_x$$

L'énergie libre est généralement négative, ce qui signifie que la réaction est spontanée.

Dans le cas des composés métalliques, l'énergie libre se réfère à la réaction :

$$[M] + 0.5Cl_2 = MCl_x$$

Son énergie libre est moins négative que celle de la précédente réaction.

En fonction de la relation de Nernst :

$$\Delta G_2 = \Delta G_1 - RT.lna_M$$

Avec a_M l'activité du métal subissant la chlorination.

La chlorination des oxydes métalliques répond à l'équation :

$$MO + Cl_2 = MCl_2 + 0.5O_2$$

L'énergie libre de ces réactions de chlorination est généralement positive car les oxydes sont plus stables que les chlorures.

Ces réactions de chlorination se passent généralement à haute température (800-1000°C) et en présence d'un réducteur tel que le carbone ou le monoxyde de carbone. On parle ainsi de carbochlorination qui s'effectue en lit fixe. Le produit de la réaction est gazeux.

Lorsque le monoxyde de carbone – CO est utilisé comme gaz réducteur, on parle de réaction gaz-solides non-catalytique. Lorsque l'agent réducteur est le carbone – C, la réactivité est accrue et qu'avec le CO et la réaction est dite de type gaz-solide.

Ce procédé requiert un grand apport énergétique.

Les réactions principales de carbochlorination sont : [1]

$Nb_2O_5 + 3Cl_2 + 3CO \rightarrow 2NbOCl_3 + 3CO_2$

$\frac{1}{5}Nb_2O_5 + Cl_2 + CO \rightarrow \frac{2}{5}NbCl_5 + CO_2$

$Ta_2O_5 + Cl_2 + CO \rightarrow 2TaO_2Cl + CO_2$

$\frac{1}{3}Ta_2O_5 + Cl_2 + 3CO \rightarrow \frac{2}{3}TaOCl_3 + 3CO_2$

$\frac{1}{5}Ta_2O_5 + Cl_2 + 3CO \rightarrow \frac{2}{5}TaOCl_3 + 3CO_2$

Les chlorures obtenus peuvent être réduits par de l'hydrogène pour donner de la poudre de niobium et de tantale.

$NbCl_5 + H_2 = NbCl_3 + 2HCl$

$2NbCl_3 + 3H_2 = 2Nb + 6HCl$

$2TaCl_5 + 5H_2 = 2Ta + 10HCl$

2.2.2.2 Influence de la température

Les courbes de carbochlorination en fonction de la température montrent que cette réaction est de plus en plus activée avec l'élévation de température et elle évolue pratiquement dans les mêmes proportions pour les deux minerais - Figure 12.

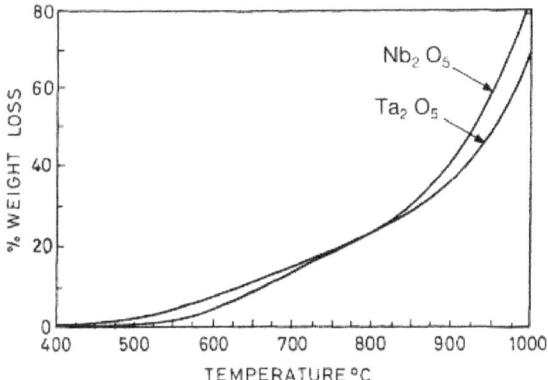

Figure 12 – Evolution de la carbochlorination de Nb_2O_5 et Ta_2O_5 en fonction de la température.[1]

Les isothermes de carbochlorination montrent quant à eux un accroissement de la cinétique en fonction de l'élévation de la température réactionnelle - Figure 13.

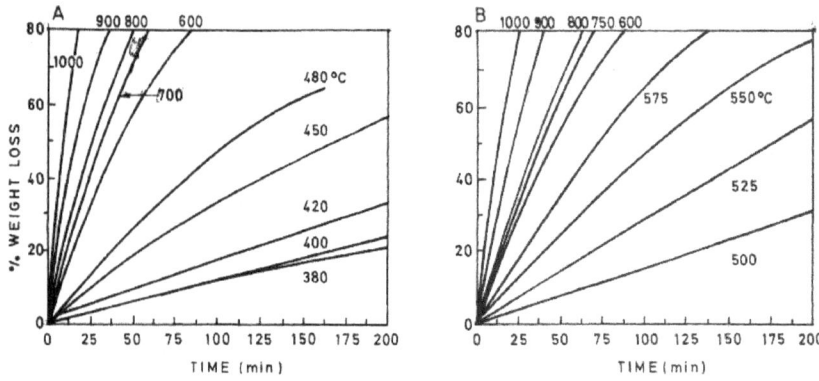

Figure 13 – Isothermes de carbochlorination de Nb_2O_5 et Ta_2O_5.[1]

2.2.2.3 Influence du débit des gaz

La différence de chlorination par rapport à la vélocité des gaz permet une séparation des hémipentoxydes de tantale et de niobium comme le montre la Figure 14 où on voit qu'au-delà de 0.2cm/s, la séparation des deux oxydes est franche.

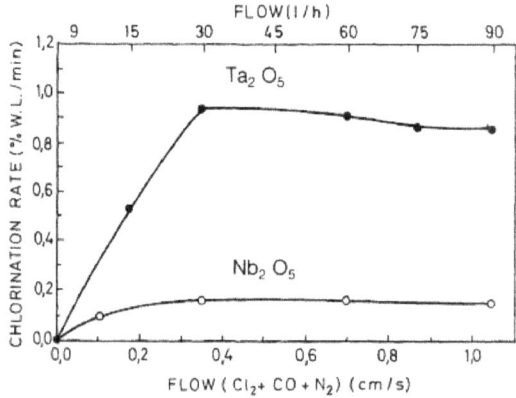

Figure 14 – Influence du débit des gaz sur le taux de chlorination de Nb_2O_5 et Ta_2O_5.[1]

2.2.2.4 Influence de la pression partielle des gaz réagissant

L'influence des pressions partielles P_{Cl_2+CO} montrent que thermodynamiquement, la carbochlorination est prioritaire sur Nb_2O_5 - Figure 15.

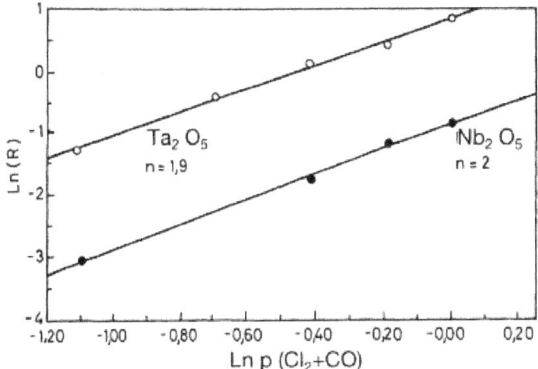

Figure 15 – Impact de la pression partielle $P_{(Cl2+CO)}$ sur la carbochlorination de Nb_2O_5 et Ta_2O_5.[1]

2.2.2.5 Influence du rapport P_{Cl2}/P_{CO}

Lorsque le rapport des pressions partielles P_{Cl_2}/P_{CO} augmentent, la carbochlorination de Ta_2O_5 est favorisée facilitant son extraction par rapport au Nb_2O_5 - Figure 16.

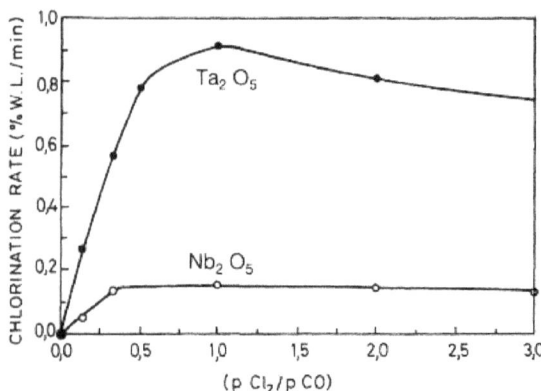

Figure 16 – Impact du rapport Cl₂/CO sur le taux de carbochlorination de Nb₂O₅ et Ta₂O₅.[1]

2.2.3 Comparaison avec les procédés récents

Du point de vue thermodynamique, des tests récents de chlorination sous pression avec le tétrachlorure de silicium $SiCl_4$, à température modérée ont été faits comparativement aux procédés de chlorination classiques au tétrachlorure de calcium CCl_4.

Avec $M = Nb\ ou\ Ta$

$$M_2O_5 + H_2O + 3SiCl_4 \rightarrow 2MCl_5 + 2HCl + 3SiO_2 \quad (1)$$
$$2M_2O_5 + 5SiCl_4 \rightarrow 4MCl_5 + 5SiO_2 \quad (2)$$
$$2M_2O_5 + 3SiCl_4 \rightarrow 4MOCl_5 + 3SiO_2 \quad (3)$$

La chlorination avec $SiCl_4$ réagit mieux et à plus basse température (210°C) qu'avec CCl_4.

La chlorination avec la vapeur de tétrachlorure de carbone se déroule vers 580°C.

$$M_2O_5 + H_2O + 3CCl_4 \rightarrow 2MCl_5 + 2HCl + 3CO_2 \quad (4)$$

$$2M_2O_5 + 5CCl_4 \rightarrow 4MCl_5 + 5CO_2 \quad (5)$$

$$2M_2O_5 + 3CCl_4 \rightarrow 4MOCl_5 + 3CO_2 \quad (6)$$

La chlorination avec le tétrachlorure de silicium se fait en autoclave avec les avantages suivants :

- température opératoires plus basses (250-300°C) que les températures lors des procédés classiques (1000°C) permettant une économie d'énergie.
- Pas d'utilisation directe de chlore.
- Traitement de concentrés plus pauvres en tantale et niobium d'où non enrichissement au concentrateur (économie sur la concentration).
- Pas de dégagement de gaz aussi toxiques qu'aux procédés classiques tels que le phosphogène, le monoxyde de carbone ou le chloro-hydro-carbone.

2.3 Fusion alcaline

La fusion alcaline est un des procédés de traitement des minerais et concentrés.

Elle nécessite un certains nombres d'apports basiques tels que :

- La soude caustique ;
- La potasse caustique ;
- Le carbonate de potassium ;
- Le mélange des apports basiques cités précédemment avec ou sans agents oxydants tels que le nitrate de sodium ou le peroxyde de sodium.

La fusion alcaline combinée à une lixiviation acide est l'une des premières méthodes appliquées industriellement pour le traitement de la colombite, les concentrés de tantalite, la concentration du tantale et du niobium par l'élimination par lixiviation du fer, de l'étain, du titane et du silicium.

3. <u>Lixiviation</u>

Attaque par le fluorure d'hydrogène

$(FeMn)Nb_2O_6 + 16HF = 2H_2NbF_7 + (FeMn)F_2 + 6H_2O$

$(FeMn)Nb_2O_6 + 12HF = 2H_2ONbF_5 + (FeMn)F_2 + 4H_2O$

$(FeMn)Ta_2O_6 + 16HF = 2H_2TaF_7 + (FeMn)F_2 + 6H_2O$

4. <u>Extraction et séparation du niobium et du tantale</u>
4.1 <u>Procédé d'extraction et séparation</u>

L'attaque des oxydes de tantale et de niobium par le fluorure d'hydrogène est décrite par les réactions ci-dessous :

$Ta_2O_5 + 14HF \rightarrow 2H_2(TaF_7) + 5H_2O$

$Nb_2O_5 + 10HF \rightarrow 2H_2(NbF_5) + 3H_2O$

Les produits de ces attaques sont extraits à l'aide de solvants organiques tels que :

- Octanol.
- DEHPA – Acide di 2 éthyle hexyl phosphorique.
- Alamine 336 – Tri (C8-C10) amine.
- MIBK – Methyl iso butyl ketone (cétone).
- TBP – Tri-n-butyl phosphate.

- Cyclo-hexanone.

Lors de l'extraction par solvant avec TBP, le complexe fluoré forme un complexe solvatant avec celui-ci. La stabilité de ce complexe dépend de l'acidité ou de la concentration en acide fluorhydrique.

$$H_2TaF_7 + 3TBP = H_2TaF_7.3TBP$$

A hautes acidités, le niobium est présent sous forme d'acide fluoroniobique et formera un complexe solvatant par la réaction :

$$H_2NbF_7 + 3TBP = H_2NbF_7.3TBP$$

Cette différence de réactivité par rapport à l'acidité permet l'extraction séparée de Ta et de Nb avec le même extractant TBP.

Les complexes fluorés de niobium et de tantale sont extraits séparément de la phase organique à l'aide de l'eau et parfois sont précipités par la suite soit :

- à l'aide de fluorure de potassium pour produire un fluorure complexe :

$$H_2(NbF_5) + 2KF \rightarrow K_2(NbF_5) \downarrow + 2HF$$

- à l'aide d'ammoniaque pour produire l'hémipentoxyde :

$$2H_2(NbF_5) + 10NH_4OH \rightarrow Nb_2O_5 + 10NH_4F + 7H_2O$$

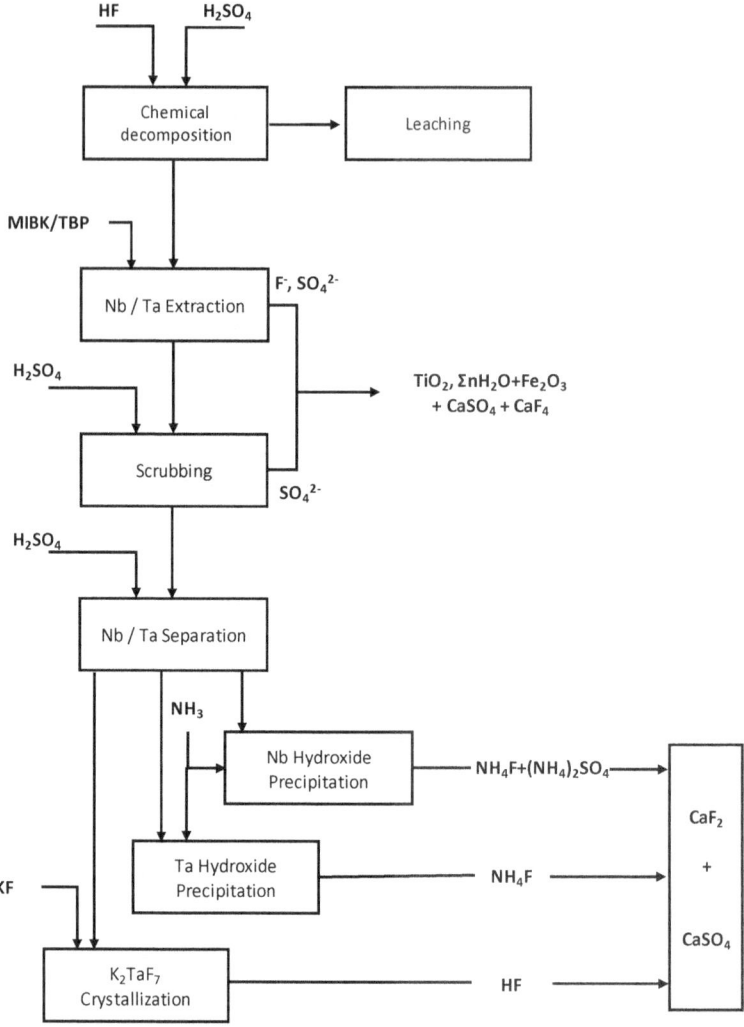

Figure 17 – Extraction par solvants et précipitation d'oxydes de tantale et de niobium.[6]

On peut remarquer dans la Figure 18 que l'acidité a une influence importante sur la séparation de Ta et Nb. Lorsqu'on voudra extraire le Ta_2O_5 seul, on travaillera dans des conditions de 2 à 3 fois molaires en H_2SO_4.

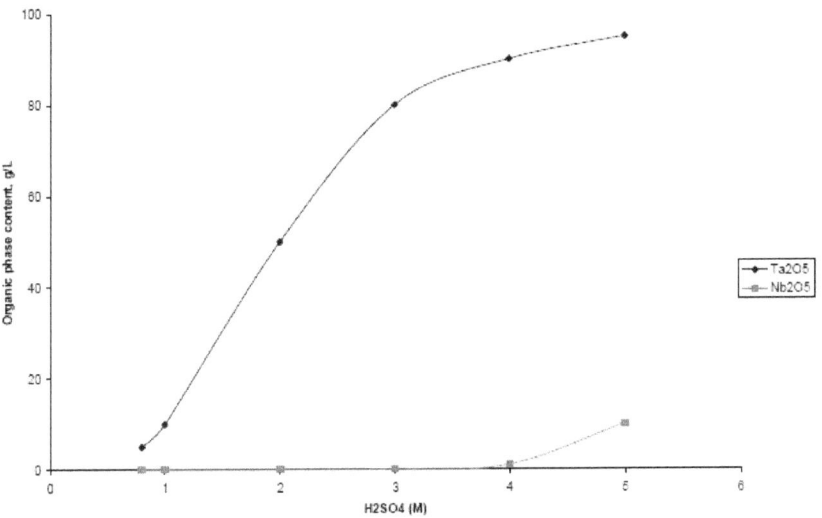

Figure 18 – Extraction séparée de Nb et Ta en fonction de la concentration en H_2SO_4.[2]

4.2 Réductions métallothermiques à l'état métallique

4.2.1 Réduction par l'hydrogène et le carbone

La réduction de l'hémipentoxyde de niobium par l'hydrogène ou le carbone est le procédé industriellement appliqué.

$Nb_2O_5 + 5H_2 \rightarrow 2Nb + 5H_2O$

$Ta_2O_5 + 5H_2 \rightarrow 2Ta + 5H_2O$

$Nb_2O_5 + 5C \rightarrow 2Nb + 5CO$

$Ta_2O_5 + 5C \rightarrow 2Ta + 5CO$ (Kouji Mimura)

4.2.2 Réduction par le sodium

La réduction du fluorure par le sodium pour obtenir du niobium de bonne pureté :

$$K_2(NbF_5) + 3Na \rightarrow Nb + 3NaF + 2KF$$

L'extraction du tantale peut se faire d'une manière similaire :

$$K_2TaF_7 + 5Na \rightarrow Ta + 5NaF + 2KF$$

Les fluorures associés au métal final peuvent être écartés avec des acides dilués. L'électrolyse en bain de sels fondus est une autre voie d'extraction.

4.2.3 L'aluminothermie

La réduction par aluminothermie de l'hémipentoxyde de niobium se fait à l'aide d'une mixture d'oxyde de fer et d'aluminium.

Cette réaction est améliorée par des ajouts d'oxydants tels que le nitrate de sodium.

$$Nb_2O_5 + Fe_2O_3 + 12Al \rightarrow 6Nb + 2Fe + 6Al_2O_3$$

Le produit résultant de cette réduction est le ferro-niobium à 60-70% en niobium utilisé dans l'industrie de l'acier.

En absence d'oxyde de fer, on produit directement le niobium.

Ce dernier subit des étapes de purification pour atteindre le niveau de supraconductivité. La voie utilisée par les plus grands producteurs est la fusion sous-vide par bombardement électronique.

L'aluminothermie est plus avantageuse que la calciothermie compte-tenu du coût et de la température de fusion de Al_2O_3 nécessaire qui est plus faible (2030°C) qui permet une plus faible température de la scorie avec tous les avantages inhérents. Il existe lors de la fusion un eutectique Al₂O₃-Al₂S₃ (point de fusion à 1100°C) qui est utilisé lors de la réduction.

4.2.4 La magnésiothermie

La magnésiothermie est un mode de réduction s'effectuant avec du magnésium gazeux sur des oxydes ou des chlorures de tantale et de niobium.

$$5Mg + Ta_2O_5 \rightarrow 2Ta + 5MgO$$

C'est une réaction hautement exothermique.

$\Delta H^0 = -1028 kJ$ et $\Delta G^0 = -816 kJ$ à 1273°K

Cette réduction se déroule vers 1273°K pendant 6 heures sur un mélange de Ta_2O_5 et de réducteur Mg.

4.2.5 Elimination de l'oxygène résiduaire

Le tantale et le niobium sont sensibles à la présence d'oxygène qui altère leur ductilité. Les traces d'oxygène peuvent être éliminées par agglomération sous-vide à des températures supérieures à 2000°C ou par balayage par faisceau d'électrons (electron beam melting).

Dans tous les cas, l'oxygène est éliminé sous forme de NbO et TaO volatiles.

4.2.6 Electro-extraction du tantale en bain de sels fondus

L'électrolyse en bain de sels fondu se déroule à 800°C dans un bain de LiF-NaF-KF (dit LiFlak) avec une solution de 15 à 40% de K_2TaF_7 en atmosphère inerte.

Cette réaction se fait en une seule étape.

$$TaF_7^{2-} + 5e^- \rightarrow Ta^0 + 7F^-$$

Paramètres

Température : 800°C

Densité de courant : 40-60 $mA.cm^{-2}$

Cathode : Acier ou cuivre.

4.2.7 Electro-extraction du niobium en bain de sels fondus

L'électrolyse en bain de sels fondu de $K_2(NbF_5)$ + NaCl est utilisée pour la production de niobium métallique.

4.3 Autres procédés

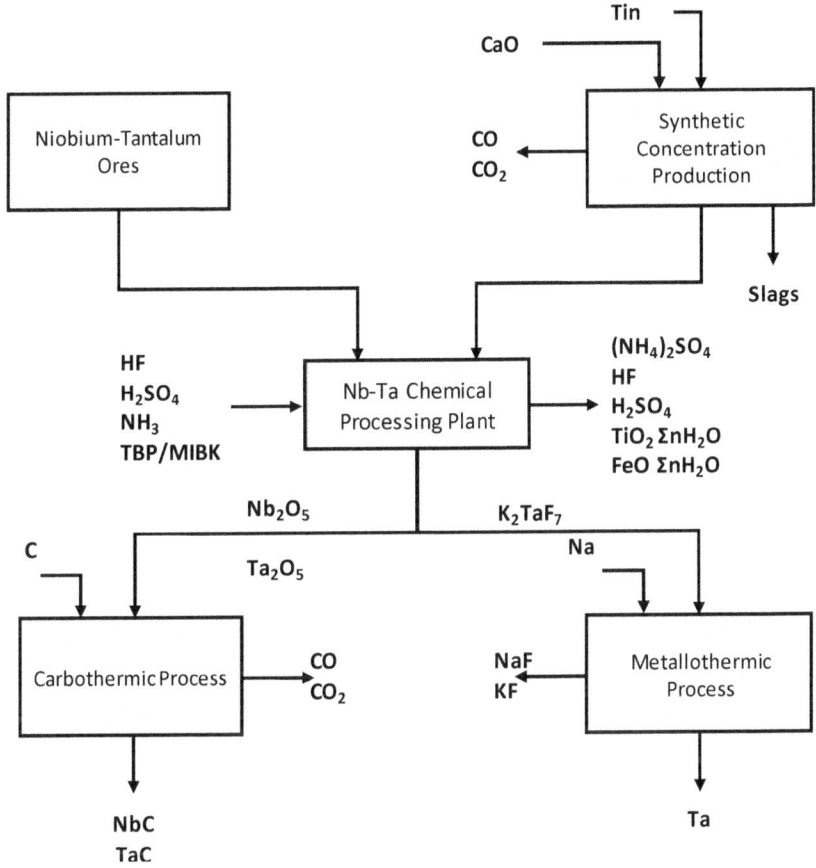

Figure 19 – Procédé de production de carbures de tantale et de niobium.[6]

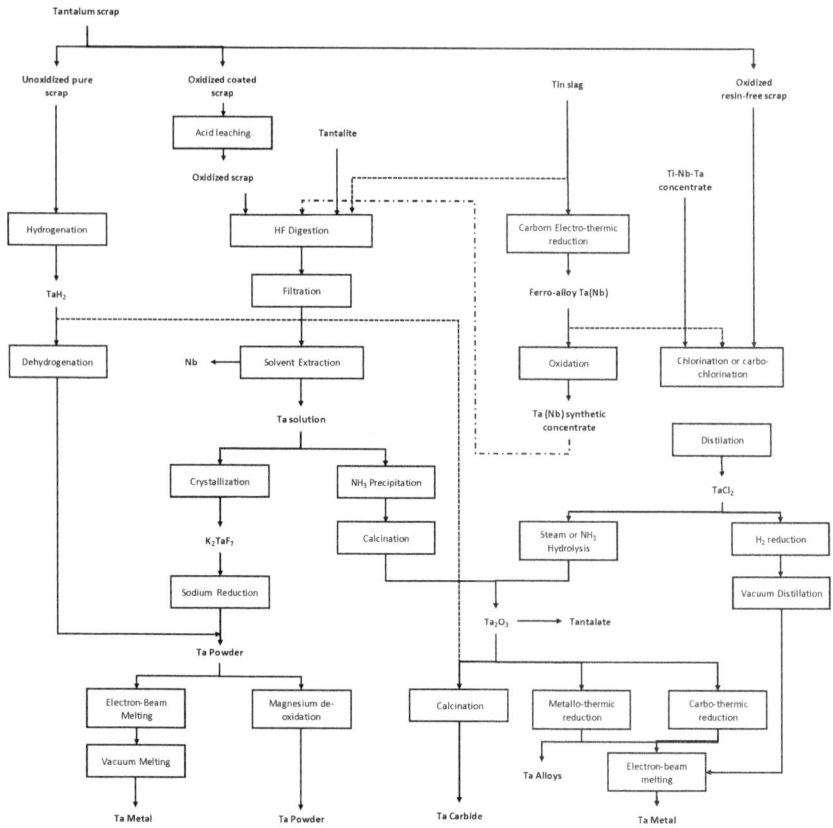

Figure 20 – Flow-sheet général de production du tantale à partir des sources primaires et secondaires.

Potentialités Métallurgiques du Coltan en Afrique

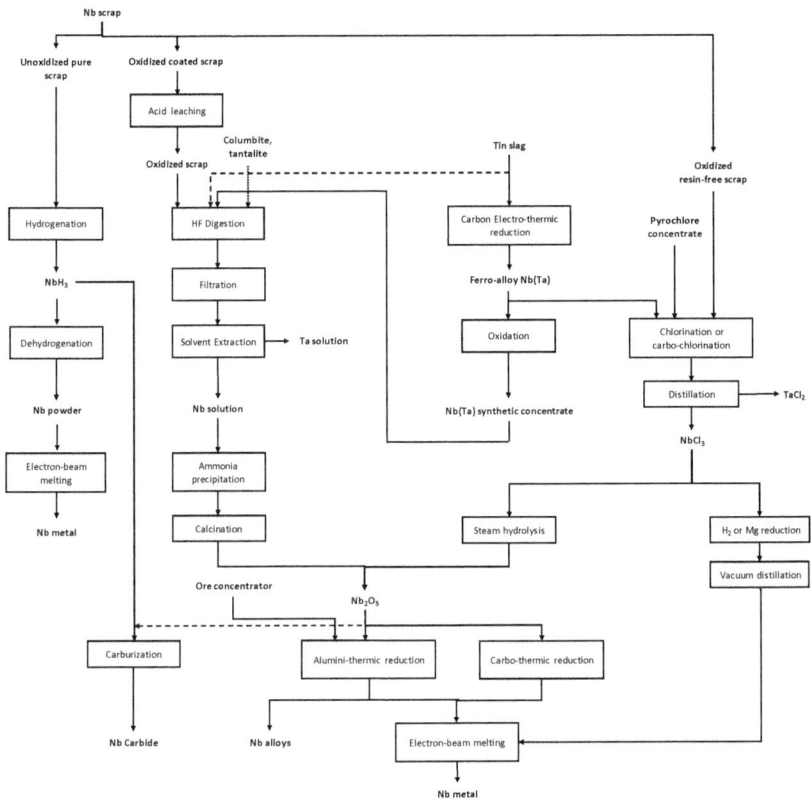

Figure 21 – Flow-sheet général de production du niobium à partir des sources primaires et secondaires.

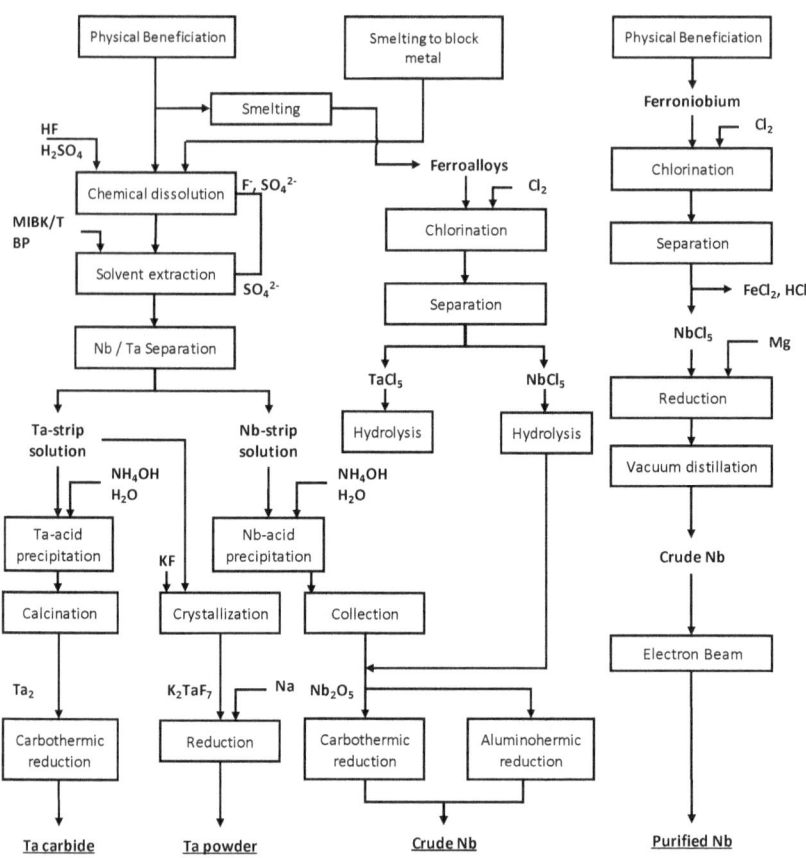

Figure 22 – Flow-sheet de traitement de sources variées de niobium et tantale.[6]

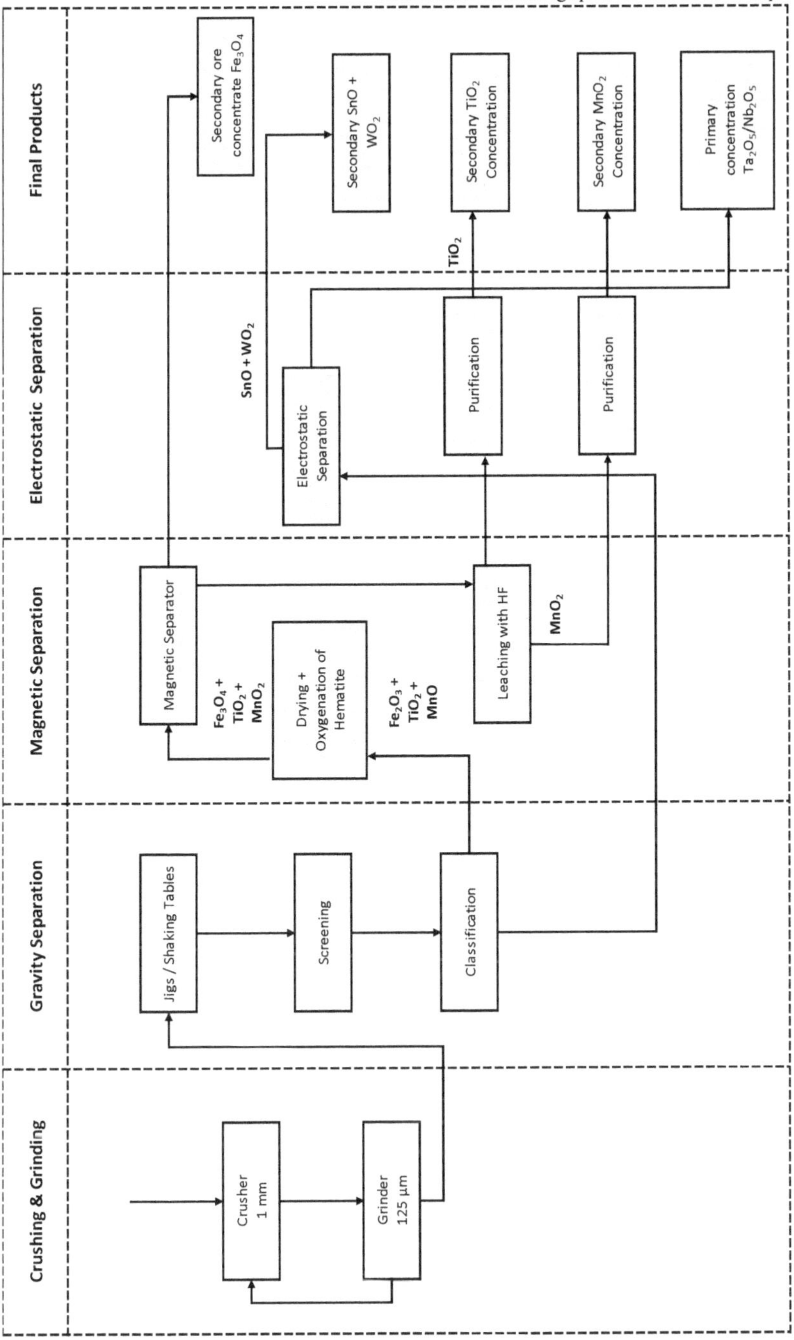

Figure 23 – Proposition de concentration d'un multi-minerai.

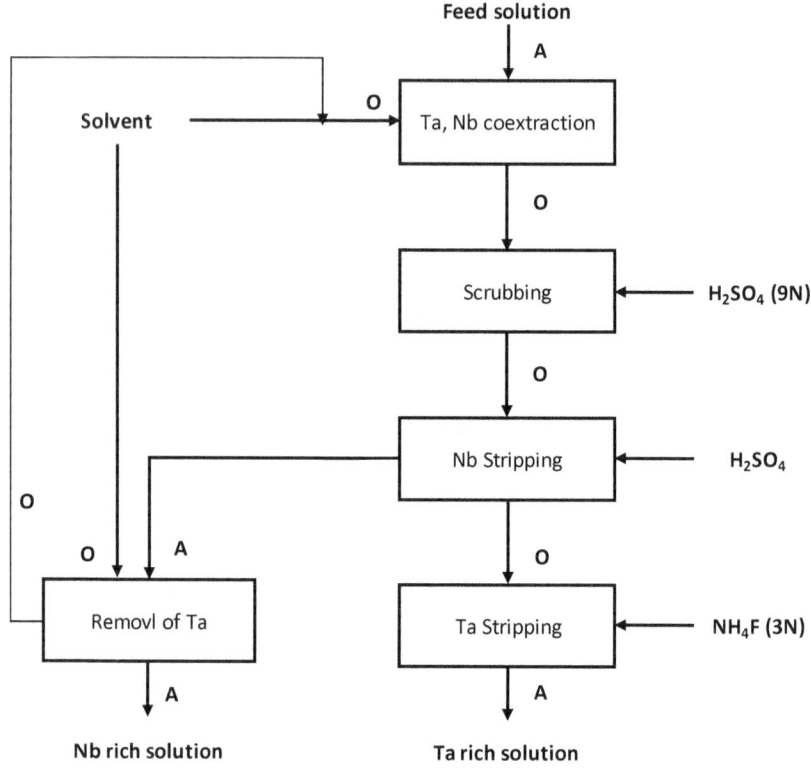

Figure 24 – Flow-diagramme d'extraction par solvant de niobium et tantale.[2]

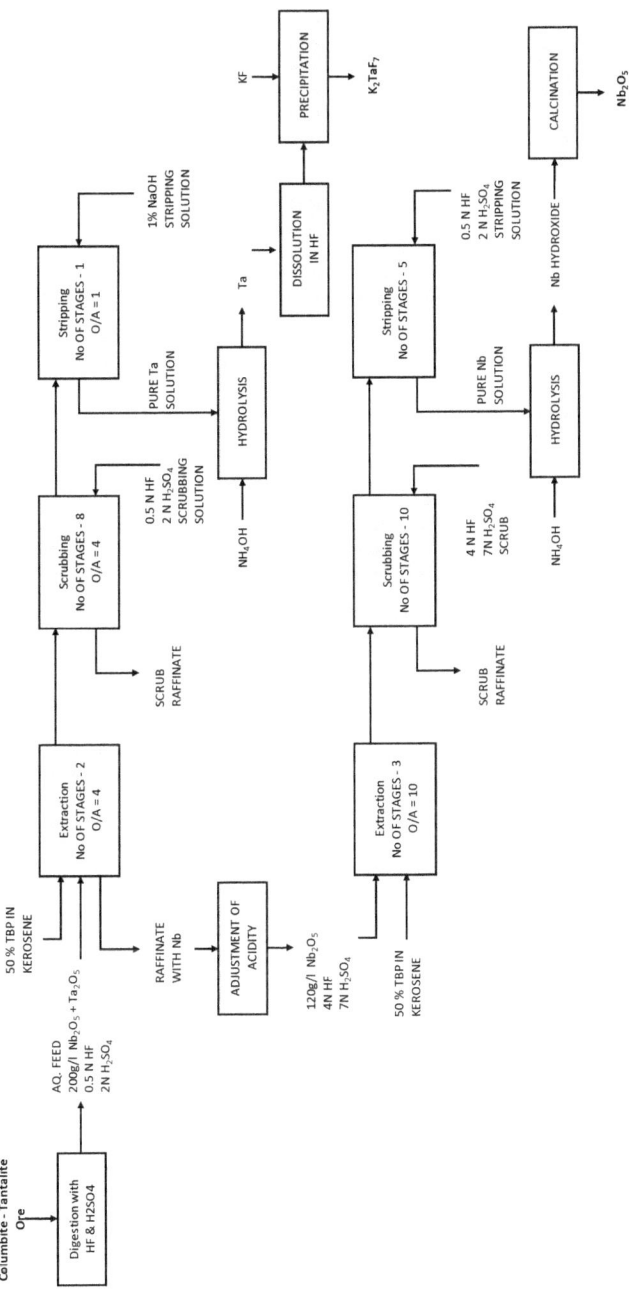

Figure 25 – Flow-diagramme de production de fluorure de potassium et de tantale et d'oxyde de niobium par extraction par solvant au TBP.

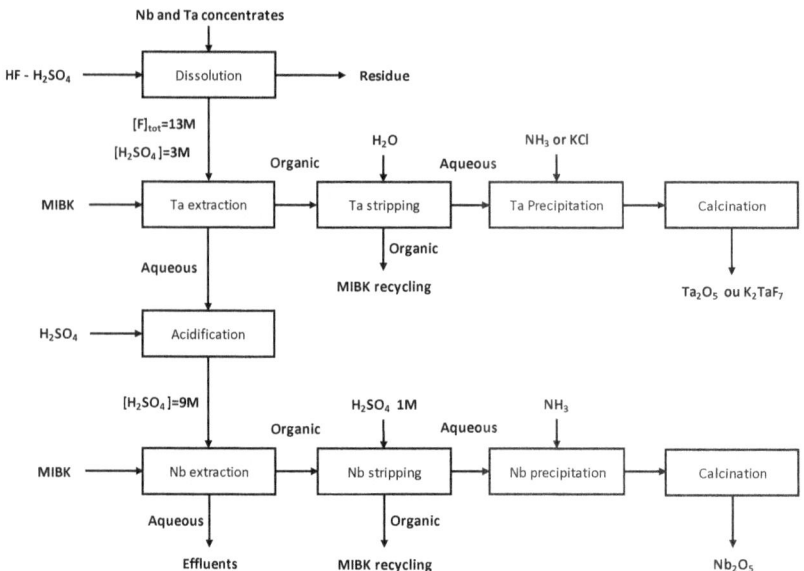

Figure 26 – Ta et Nb extraction par MIBK.

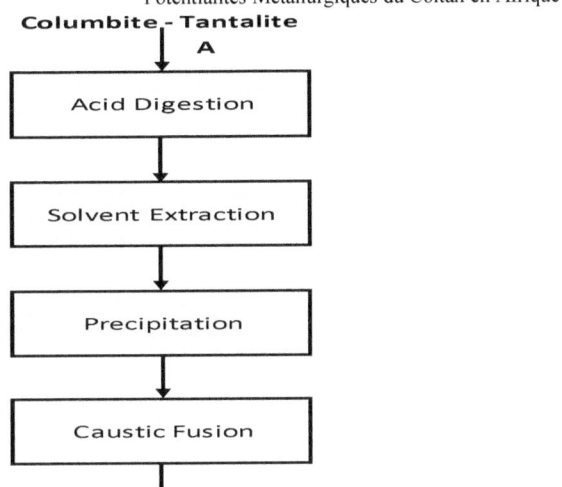

Figure 27 – Flow-diagramme de production d'oxyde de niobium.

VII. *Recyclage du niobium et du tantale*

1. <u>Introduction</u>

La forte demande en niobium et tantale provoquée par le grand développement des smartphones, tablettes et ordinateurs portables a entraîné l'intérêt du recyclage pour faire face à la pénurie de ces métaux.

2. <u>Procédés</u>

Selon des expérimentations de R. Matsuoka et al.[9], Le tantale et son hémipentoxyde Ta_2O_5 peuvent être recyclés à partir de condensateurs et d'autres sources de tantale en utilisant des produits chlorés issus du procédé Kroll de la métallurgie du titane. Le chlore utilisé est récupérés tels que montré dans la Figure 28. Cela permet la récupération du chlore du procédé Kroll.

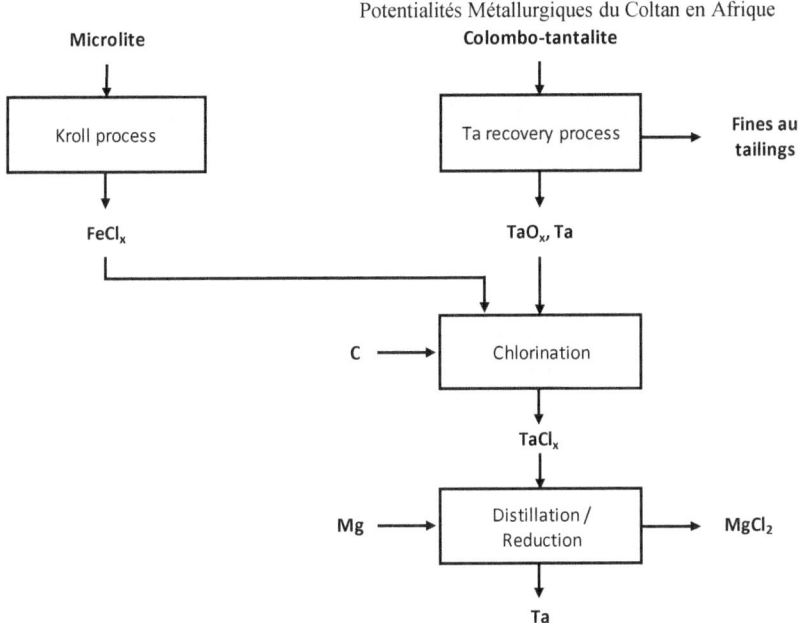

Figure 28 – Recyclage du tantale par chlorination à partir de condensateurs.

Dans un autre procédé, les condensateurs à recycler en leur faisant subir une oxydation afin d'éliminer le carbone ainsi que l'eau et d'autres produits volatils.

Les oxydes obtenus subissent une séparation magnétique afin d'écarter le fer et le nickel.

Le matériau déferré est soumis à un jet d'eau afin d'éliminer des solutions imprégnantes.

Profitant de la résistance du tantale, les solides seront attaqués à l'acide nitrique afin de dissoudre les éléments indésirables.

Le tantale résiduaire ainsi que ses oxydes subiront une réduction magnésiothermique.

Les produits seront lavés à l'acide pour ne garder que le tantale.

Ces étapes sont décrites dans la Figure 29 ci-dessous.

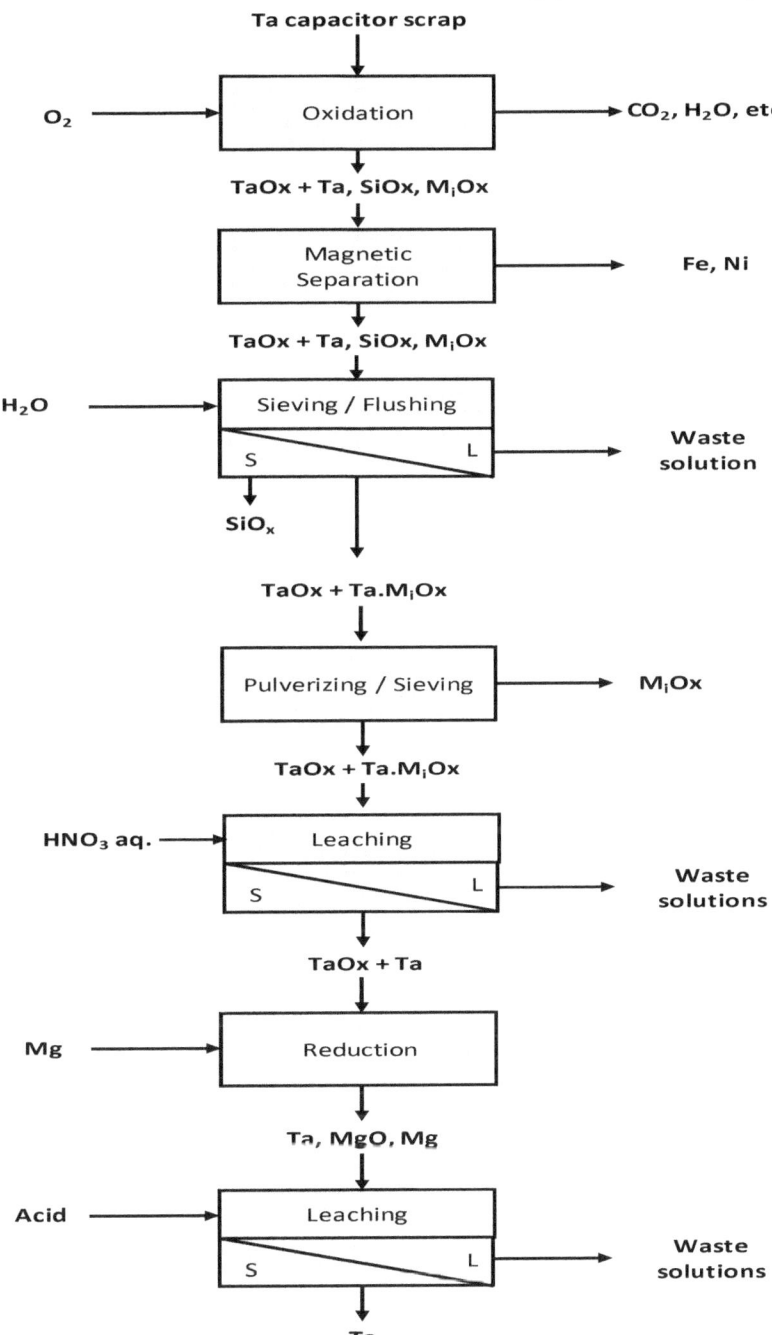

Figure 29 – Recyclage du tantale des condensateurs.

La qualité de certaines alimentations et de certains produits issus du recyclage est montrée dans le Tableau 19.

Tableau 19 – Qualité analytique du recyclage des condensateurs.[9]

	Composition (% en poids)					
	Ta	Si	Cu	Ag	Fe	Mn
Condensateur au tantale	40 - 50	10 - 20	~5	-	5 - 10	-
Qualité de la poudre de tantale réduite	98.57	0.93	0.07	0.16	0.25	0.02

Annexes

Tableau 20 – Propriétés physiques du tantale et du niobium.

Propriétés physiques	Tantale		Niobium	
Structure électronique	$[Xe]4f^{14}5d^{3}6s^{2}$		$[Kr]4d^{4},5s^{1}$	
Nombre atomique	73		41	
Masse atomique	180.948		92.906	
Densité kg.m^{-3} à 293°K	16654	293°K	8581	
Groupe spatial (matrice)	1m3m	CFC	1m3m	CFC
Paramètres de la matrice (a/pm)	330.29		330.1	
Point de fusion (T/°K)	3269		2741	
Point d'ébulition (T/°K)	5698		5203	
Résistivité électrique ($\rho/10^{-8}\Omega.m$)	13.5	293°K	15.2	293°K
Conductivité thermique (k/W.m^{-1}.K^{-1})	54.4	293°K		293°K
Coefficient d'expansion thermique ($\alpha/10^{-6}.K^{-1}$)				
273-373°K	6.6		7.1	
273-773°K				
273-1273°K				
273-1773°K				
Module de Young (E/Gpa)	185.7		105	
Module de Bulk 5K/Gpa)	196.3		170	
Dureté Vickers (Mpa)	873		1320	
Module de Poisson	0.342		0.40	
Module de cisaillement (Gpa)	69		38	
Charge à la rupture (R_m/Mpa)	345		330	
Thermal neutron cross-section (σ/barn)	20.5			

Références

[1]-E. Allain et al., Carbochlorination kinetics of tantalum and niobium pentoxides, Rev. Metal. Madrid, 35(4), 1999.

[2]-O. S. Ayanda et al., A review of niobium-tantalum separation in hydrometallurgy, Journal of Minerals Characterization & Engineering, vol. 10, N°3, pp.245-256, 2011.

[3]-F. Cardarelli et al., Tantalum protective thin coating techniques for the chemical process industry: Molten salts electrocoating as a new alternative, Int. Journal of Refractory Metals and Hard Materials, 14 (1996), pp. 365-381.

[4]-A.D. Damodaran et al., Extraction and utilization of pure niobium and tantalum from indian ores, Vol. 36, A. No 5.

[5]-D. de Failly, Coltan : Pour comprendre, s.d., s.l..

[6]-C.K. Gupta, Chemical Metallurgy – Principles and Practice, Wiley-VCH, 2003.

[7]-C. Hocquard, la crise du tantale de 2000, ses répercussions sur la mine artisanale et conflits de la région des Grands lacs africains, s.d., s.l..

[8]-J. Kabangu M., Extraction and separation of tantalum and niobium from Mozambican tantalite by solvent extraction in the ammonium bifuoride-octanol system, MSc. Thesis, University of Pretoria, Pretoria.

[9]-R. Matsuoka et al., Recycling process for tantalum and some other metal scraps, The Minerals, Metals and Materials Society, EPG Congress, 2004.

[10]- Odo J.U. et al., Extraction fo niobium from tin slag, International Journal of Scientific and Research Publications, Vol.4, Issue 11, Nov. 2014.

[11]- A. Prigogine

[12]- Roskill Information Services, Outlook for the global tantalum market, 2nd International Tin and Tantalum seminar, New York, 2013.

[13]- B.A. Shainyn et al., Novel Technology for Chlorination of Niobium and Tantalum Oxides and Their Low-Grades Ore Concentrates, Journal of Minerals and Material Characterization and Engineering, Vol. 7, N°2, pp. 163-173, USA, 2008.

[14]- L. Sundqvist Oeqvist et al., State of the art on the recovery of refractory metals from secondary resources, MSP-REFRAM D3.2, Horizon 2020 programme, 2015.

[15]- TIC

[16]- USGS, 2016.

Table des index

A

agglomération sous-vide 79

C

carbochlorination .. 67, 68, 69, 70, 71
chlorination 66, 91
colombite 25, 38, 56, 73
colombo-tantalite 27, 50, 56

L

lixiviation 73

M

magnésiothermie
   magnésiothermique 79
métallurgie sous-vide 60, 61

P

pyrochlore 27, 55, 56, 60

R

Réduction calciothermique
   calciothermie 63

Chez le même éditeur dans la même collection

Le transport par bennes en mines à ciel ouvert par Chiyey Kanyik Tesh – ISBN : 978-1518659164.

Machines minières - Tome 1 : Mobiles et semi-mobiles par Chiyey Kanyik Tesh – ISBN : 978-1491058152.

Les Machines minières - Tomes 2 : Fixes par Chiyey Kanyik Tesh – ISBN : 978-1500975722.

Contrôle géologique de l'exploitation minière - TOME 1 : Investigation géologique, Géométrisation du gisement et Sélectivité minière par Albert KALAU – ISBN : 978-1523840052

Edité par 2RA - PUBLISHING

Sandton, R.S.A.

Email: edition@2ra-company.com.

ISBN: 978-1539104940

www.ingramcontent.com/pod-product-compliance
Lightning Source LLC
Chambersburg PA
CBHW060400190526
45169CB00002B/676